长物志

〔明〕文震亨 著

身外余物，
尽显文人情趣雅致。

古吴轩出版社

图书在版编目（CIP）数据

长物志 / （明）文震亨著. -- 苏州：古吴轩出版社，
2021.9
ISBN 978-7-5546-1797-7

Ⅰ．①长… Ⅱ．①文… Ⅲ．①园林设计－中国－明代
Ⅳ．①TU986.2

中国版本图书馆CIP数据核字（2021）第174962号

责任编辑：俞　都
见习编辑：万海娟
策　　划：村　上　牛宏岩
装帧设计：侯茗轩

书　　名：长物志
著　　者：[明]文震亨
出版发行：古吴轩出版社
　　　　　地址：苏州市八达街118号苏州新闻大厦30F　　邮编：215123
　　　　　电话：0512-65233679　　　　　　　　　　　传真：0512-65220750
出 版 人：尹剑峰
印　　刷：天宇万达印刷有限公司
开　　本：880×1230　　1/32
印　　张：5
字　　数：110千字
版　　次：2021年9月第1版　　第1次印刷
书　　号：ISBN 978-7-5546-1797-7
定　　价：42.00元

如有印装质量问题，请与印刷厂联系。0318-5302229

编辑说明

　　《长物志》，中国重要的造园文献之一，明末长洲（今江苏苏州）文震亨著。共包含十二卷，其中室庐、花木、水石、禽鱼、蔬果等卷与造园理论及技术有较密切的关系。尤以水石一卷，备述园林中广池、小池、瀑布的设计，以及灵璧石、英石、太湖石、昆山石等的选用；提出水与石相结合的论点，有独到之处。由此可见，《长物志》一书中讲解到的诸多内容，虽小却精，全面准确地展示了晚明时期文人的高雅生活和审美趣味。故整理编辑，以飨读者。

　　本书参考了江苏凤凰文艺出版社出版的《长物志》，以及中华书局、江苏科学技术出版社在内的多个不同年份出版的读本编辑而成，为最大程度上保留原作精髓，部分字词及用法依循了旧作，力求在保留原文原貌的基础上，更方便当今读者的阅读。

夫标榜林壑，品题酒茗，收藏位置图史、杯铛之属，于世为闲事，于身为长物，而品人者，于此观韵焉，才与情焉，何也？挹古今清华美妙之气于耳目之前，供我呼吸；罗天地琐杂碎细之物于几席之上，听我指挥；挟日用寒不可衣、饥不可食之器，尊逾拱璧，享轻千金，以寄我之慷慨不平，非有真韵、真才与真情以胜之，其调弗同也。

近来富贵家儿与一二庸奴、钝汉，沾沾以好事自命，每经赏鉴，出口便俗，入手便粗，纵极其摩娑护持之情状，其污辱弥甚，遂使真韵、真才、真情之士，相戒不谈风雅。嘻！亦过矣！司马相如携卓文君，卖车骑，买酒舍，文君当垆涤器，映带犊鼻裈①边；陶渊明方宅十余亩，草屋八九间，丛菊孤松，有酒便饮，境地两截，要归一致；右丞茶铛药臼，经案绳床；香山名姬骏马，攫石洞庭，结堂庐阜②；长公声伎酣适于西湖，烟舫翩跹乎赤壁，禅人酒伴，休息夫雪堂，丰俭不同，总不碍道，其韵致

① 犊鼻裈：短裤，或谓围裙。
② 结堂庐阜：白居易在溢城的时候曾隐居在庐山遗爱寺。

I

才情，政自不可掩耳。

予向持此论告人，独余友启美氏绝颔之。春来将出其所纂《长物志》十二卷公之艺林且属余序。予观启美是编，室庐有制，贵其爽而倩、古而洁也；花木、水石、禽鱼有经，贵其秀而远、宜而趣也；书画有目，贵其奇而逸、隽而永也；几榻有度，器具有式，位置有定，贵其精而便、简而裁、巧而自然也；衣饰有王、谢之风，舟车有武陵、蜀道之想，蔬果有仙家瓜枣之味，香茗有荀令、玉川之癖，贵其幽而暗、淡而可思也。法律指归，大都游戏点缀中一往，删繁去奢之意存焉。岂唯庸奴、钝汉不能窥其崖略，即世有真韵致、真才情之士，角异猎奇，自不得不降心以奉启美为金汤。诚宇内一快书，而吾党一快事矣！

余因语启美："君家先严徵仲太史，以醇古风流冠冕吴趋者，几满百岁，递传而家声香远。诗中之画，画中之诗，穷吴人巧心妙手，总不出君家谱牒，即余日者过子，盘礴累日，婵娟为堂，玉局为斋，令人不胜描画，则斯编常在子衣履襟带间，弄笔费纸，又无乃多事耶？"启美曰："不然。吾正惧吴人心手日变，如子所云，小小闲事长物，将来有滥觞而不可知者，聊以是编堤防之。"有是哉！删繁去奢之一言，足以序是编也。予遂述前语相谂，令世睹是编，不徒占启美之韵之才之情，可以知其用意深矣。

沈春泽　谨序

目录

卷一　室庐

居山水间者为上，村居次之，郊居又次之。吾侪①纵不能栖岩止谷②，追绮园③之踪，而混迹廛市④，要须门庭雅洁，室庐清靓，亭台具旷士之怀，斋阁有幽人之致。又当种佳木怪箨⑤，陈金石图书，令居之者忘老，寓之者忘归，游之者忘倦。蕴隆⑥则飒然而寒，凛冽则煦然而燠⑦。若徒侈土木，尚丹垩⑧，真同桎梏樊槛而已。志《室庐第一》。

门

用木为格，以湘妃竹横斜钉之，或四或二，不可用六。两旁用板为春帖⑨，必随意取唐联⑩佳者刻于上。若用石梱⑪，必须板扉。石用方厚浑朴，庶不涉俗。门环得古青绿蝴蝶兽面，或天鸡饕餮之属，钉于上为佳，不则用紫铜或精铁，如旧式铸成亦可，黄白铜俱不可用也。漆惟朱、紫、黑三色，余不可用。

----

① 吾侪：吾辈。

② 栖岩止谷：岩，石窟；谷，山谷。意为隐居山林。

③ 绮园：指绮里季、东园公，他们是秦汉时期的隐士，与夏黄公、甪里先生合称"商山四皓"。

④ 廛市：商肆集中之处。

⑤ 箨：俗称"笋壳"。竹类主秆所生的叶。

⑥ 蕴隆：即气候闷热。

⑦ 燠：暖。

⑧ 丹垩：丹，朱漆；垩，白土。指油漆粉刷。

⑨ 春帖：悬挂或粘贴在壁上、柱上的联语。春节贴在门上的叫"春联"。

⑩ 唐联：选取唐诗作联句。

⑪ 石梱：即石门槛。

阶

自三级以至十级，愈高愈古，须以文石剥成；桛绣墩①或草花数茎于内，枝叶纷披，映阶傍砌。以太湖石叠成者，曰"涩浪"②，其制更奇，然不易就。复室须内高于外，取顽石具苔斑者嵌之，方有岩阿③之致。

窗

用木为粗格，中设细条三眼④，眼方二寸，不可过大。窗下填板尺许。佛楼禅室，间用菱花及象眼者。窗忌用六，或二或三或四，随宜用之。室高，上可用横窗一扇，下用低槛承之。俱钉明瓦⑤，或以纸糊，不可用绛素纱及梅花簟。冬月欲承日，制大眼风窗⑥，眼径尺许，中以线经其上，庶纸不为风雪所破，其制亦雅，然仅可用之小斋丈室。漆用金漆，或朱、黑二色，雕花彩漆，俱不可用。

---

① 绣墩：即绣墩草，又称沿阶草，一种常绿草本植物，花淡紫色，种子球形，供观赏。
② 涩浪：古代宫墙墙基垒石凹入，作水纹状。
③ 岩阿：指山的曲折处。
④ 眼：指窗子上的格子。
⑤ 明瓦：一种半透明的蛎、蚌等物的壳。磨成薄片，嵌于窗户或顶篷上以取光。
⑥ 风窗：窗子的一种，可以拆卸，用以开关通风。

栏干

石栏最古，第近于琳宫①、梵宇②及人家冢墓。傍池或可用，然不如用石莲柱二，木栏为雅。柱不可过高，亦不可雕鸟兽形。亭榭廊庑③，可用朱栏及鹅颈承坐④，堂中须以巨木雕如石栏，而空其中。顶用柿顶，朱饰；中用荷叶宝瓶⑤，绿饰。卍字者，宜闺阁中，不甚古雅。取画图中有可用者，以意成之可也。三横木最便，第太朴，不可多用。更须每楹一扇，不可中竖一木，分为二三。若斋中则竟不必用矣。

照壁

得文木如豆瓣楠⑥之类为之，华而复雅，不则竟用素染，或金漆亦可。青、紫及洒金⑦描画，俱所最忌。亦不可用六，堂中可用一带，斋中则止中楹用之。有以夹纱窗或细格⑧代之者，俱称俗品。

---

① 琳宫：仙宫，亦指道院。

② 梵宇：佛寺。

③ 廊庑：堂下四周的廊屋。

④ 鹅颈承坐：亭榭在临水的方向设置木制曲栏座椅，带有形如鹅颈、曲线柔美的靠背形式，称鹅颈靠。

⑤ 荷叶宝瓶：一种宝瓶夹在荷叶之中的图案雕刻。

⑥ 豆瓣楠：即雅楠，又称"斗柏楠""骰柏楠木"，属樟科。

⑦ 洒金：器物加漆后，将金箔用笔洒上，称为"洒金"。

⑧ 细格：指细格扇，又称"纱橱"。

［明］文徵明《蓇松雪山水图》（局部）

堂

堂之制，宜宏敞精丽。前后须层轩①广庭，廊庑俱可容一席。四壁用细砖砌者佳，不则竟用粉壁②。梁用球门③，高广④相称。层阶俱以文石为之，小堂可不设窗槛。

山斋

宜明净，不可太敞。明净可爽心神，太敞则费目力。或傍檐置窗槛，或由廊以入，俱随地所宜。中庭亦须稍广，可种花木，列盆景。夏日去北扉，前后洞空。庭际沃以饭沈⑤，雨渍苔生，绿褥可爱。绕砌可种翠云草⑥令遍，茂则青葱欲浮。前垣宜矮，有取薜荔根⑦瘗⑧墙下，洒鱼腥水于墙上以引蔓者。虽有幽致，然不如粉壁为佳。

---

① 层轩：指重轩，多层的带有长廊的敞厅。
② 粉壁：即白色的墙壁。
③ 球门：建筑用语，指拱形的梁。
④ 高广：高度和宽度。
⑤ 饭沈：指饭米汁。
⑥ 翠云草：亦称"蓝地柏"，多年生草本植物。茎伏地蔓生，能随处生根。可供观赏，亦可入药，有清热解毒之效。
⑦ 薜荔根：指薜荔的根部。薜荔，亦称"木莲"，常绿藤本植物，含乳汁。果实富果胶，可制食用的凉粉，亦可入药。
⑧ 瘗：掩埋，埋葬。

［明］杨文骢《仙人村坞图》（局部）

丈室

丈室①宜隆冬寒夜，略仿北地暖房之制，中可置卧榻及禅椅之属。前庭须广，以承日色，留西窗以受斜阳，不必开北牖②也。

佛堂

筑基高五尺余，列级而上，前为小轩及左右俱设欢门③，后通三楹④供佛。庭中以石子砌地，列幡幢⑤之属。另建一门，后为小室，可置卧榻。

桥

广池巨浸⑥，须用文石为桥，雕镂云物⑦，极其精工，不可入俗。小溪曲涧，用石子砌者佳，四傍可种绣墩草。板桥须三折，一木为栏，忌平板作朱卍字栏。有以太湖石为之，亦俗。石桥忌三环，板桥忌四方磬折⑧，尤忌桥上置亭子。

---

① 丈室：指斗室，小房间。
② 北牖：北面的窗子。
③ 欢门：即前轩左右两侧的侧门、耳门。
④ 楹：计算房屋的单位，一列为一楹。
⑤ 幡幢：佛家庭旗类用品。幡，一种窄长的旗子，垂直悬挂。幢，作为仪仗用的一种旗帜。
⑥ 巨浸：大的河。文中指园林中的大池沼。
⑦ 云物：指景物。
⑧ 磬折：指形态像磬一般曲折。磬，古代打击乐器。

［明］钱穀《定慧禅院图》（局部）

茶寮①

构一斗室，相傍山斋，内设茶具。教一童专主茶役，以供长日清谈，寒宵兀坐②。幽人首务③，不可少废者。

琴室

古人有于平屋中埋一缸，缸悬铜钟，以发琴声者。然不如层楼之下，盖上有板，则声不散；下空旷，则声透彻。或于乔松、修竹、岩洞、石室之下，地清境绝④，更为雅称耳。

浴室

前后二室，以墙隔之，前砌铁锅，后燃薪以俟⑤。更须密室，不为风寒所侵。近墙凿井，具辘轳⑥，为窍引水以入。后为沟，引水以出。澡具巾帨⑦，咸具其中。

---

① 茶寮：即烹茶的场所。
② 兀坐：危坐，端坐。
③ 首务：首要任务。
④ 境绝：即不沾有任何俗气的境地。
⑤ 俟：等待。
⑥ 辘轳：安装在井口上方的绞车式起重装置，常用于从井中汲水。
⑦ 巾帨：古代擦抹用的布，相当于现在的手巾、毛巾。

街径　庭除

驰道①广庭，以武康石②皮砌者最华整。花间岸侧，以石了砌成，或以碎瓦片斜砌者，雨久生苔，自然古色。宁必金钱作圬③，乃称胜地哉？

楼阁

楼阁作房闼④者，须回环窈窕；供登眺者，须轩敞弘丽；藏书画者，须爽垲⑤高深。此其大略也。楼作四面窗者，前楹用窗，后及两傍用板。阁作方样者，四面一式。楼前忌有露台、卷蓬⑥，楼板忌用砖铺。盖既名楼阁，必有定式。若复铺砖，与平屋何异？高阁作三层者最俗。楼下柱稍高，上可设平顶。

台⑦

筑台忌六角，随地大小为之。若筑于土冈之上，四周用粗木，作朱阑亦雅。

---

① 驰道：古代天子所行的道路，谓之"驰道"。文中指宅院中的大路。

② 武康石：产自浙江省武康县（今浙江省德清县武康街道）。

③ 圬：矮墙。

④ 房闼：官室的门户。此处指寝室、闺房。

⑤ 爽垲：凉爽干燥。

⑥ 卷蓬：即卷棚顶，中国传统建筑双坡屋顶形式之一。特点是两坡相交处成弧形的曲面，无明显屋脊。

⑦ 台：高而平的建筑物，一般供眺望或游观之用。

海论 ①

忌用"承尘"②，俗所称天花板是也，此仅可用之廨宇③中。地屏④则间可用之。暖室不可加簟⑤，或用毡毹⑥为地衣亦可，然总不如细砖之雅。南方卑湿，空铺最宜，略多费耳。室忌五柱，忌有两厢。前后堂相承，忌工字体，亦以近官廨也，退居则间可用。忌傍无避弄⑦。庭较屋东偏稍广，则西日不逼。忌长而狭，忌矮而宽。亭忌上锐下狭，忌小六角，忌用葫芦顶，忌以茆盖⑧，忌如钟鼓及城楼式。楼梯须从后影壁上，忌置两旁，砖者作数曲更雅。临水亭榭，可用蓝绢为幔，以蔽日色；紫绢为帐，以蔽风雪，外此俱不可用，尤忌用布，以类酒船⑨及市药设帐⑩也。小室忌中隔，若有北窗者，则分为二室，忌纸糊，忌作雪洞⑪，此与混堂⑫无异，而俗子绝好之，俱不可解。忌为卍

---

① 海论：总论。

② 承尘：即藻井，天花板。

③ 廨宇：指官署建筑。

④ 地屏：指地屏风。

⑤ 簟：供坐卧用的竹席。

⑥ 毡毹：毛织的地毯。

⑦ 避弄：指宅内正屋旁侧的通行小巷，为女眷、仆婢行走的道路，以避男宾和主人。

⑧ 茆盖：用茅草覆盖。

⑨ 酒船：供客人饮酒游乐的船。

⑩ 市药设帐：卖药的开馆执教，泛指江湖营生。

⑪ 雪洞：假山里的石洞。

⑫ 混堂：澡堂。

字窗旁填板。忌墙角画梅及花鸟，古人最重题壁，今即使顾陆点染①、钟工濡笔②，俱不如素壁为佳。忌长廊一式，或更互其制，庶不入俗。忌竹木屏及竹篱之属，忌黄白铜为屈戌③。庭际不可铺细方砖，为承露台则可。忌两楹而中置一梁，上设叉手笆④。此皆元制而不甚雅。忌用板隔，隔必以砖。忌梁椽画罗纹及金方胜，如古屋岁久，木色已旧，未免绘饰，必须高手为之。凡入门处，必小委曲，忌太直。斋必三楹，傍更作一室，可置卧榻。面北小庭，不可太广，以北风甚厉也。忌中楹设栏楯，如今拔步床⑤式。忌穴壁为橱，忌以瓦为墙，有作金钱梅花式者，此俱当付之一击。又鸱吻⑥好望，其名最古，今所用者，不知何物。须如古式为之，不则亦仿画中室宇之制。檐瓦不可用粉刷，得巨栟榈⑦劈为承溜最雅，否则用竹，不可用木及锡。忌有卷棚，此官府设以听两造⑧者，于人家不知何用。忌用梅花

---

① 点染：画家点笔染翰称点染。
② 濡笔：蘸笔书写。
③ 屈戌：即屈戌，门窗上的搭扣。
④ 叉手笆：横梁和脊梁之间的斜撑。
⑤ 拔步床：床前有踏步并且加栏的床，谓之"拔步床"，亦称"八步床"。
⑥ 鸱吻：中国古建筑屋脊上的一种装饰。
⑦ 栟榈：即棕榈。
⑧ 两造：原告和被告。

篇①。堂帘惟温州湘竹者佳，忌中有花如绣补②，忌有字如"寿山""福海"之类。总之，随方制象，各有所宜，宁古无时，宁朴无巧，宁俭无俗。至于萧疏雅洁，又本性生，非强作解事者所得轻议矣。

---

① 篇：窗。
②绣补：明代品官服饰制度的重要特征，方幅绣花，绣在衣服前后的一块织物。

卷二　花木

弄花一岁，看花十日。故帏①箔②映蔽，铃索护持③，非徒富贵容也。第繁花杂木，宜以亩计。乃若庭除槛畔，必以虬枝古干，异种奇名，枝叶扶疏，位置疏密。或水边石际，横偃斜披；或一望成林；或孤枝独秀。草木不可繁杂，随处植之，取其四时不断，皆入图画。又如桃、李不可植于庭除，似宜远望；红梅、绛桃，俱借以点缀林中，不宜多植。梅生山中，有苔藓者，移置药栏，最古。杏花差不耐久，开时多值风雨，仅可作片时玩。蜡梅冬月最不可少。他如豆棚、菜圃，山家风味，固自不恶，然必辟隙地数顷，别为一区；若于庭除种植，便非韵事。更有石礅④木柱，架缚精整者，愈入恶道。至于艺兰栽菊，古各有方。时取以课园丁，考职事⑤，亦幽人之务也。志《花木第二》。

牡丹　芍药

牡丹称花王，芍药称花相，俱花中贵裔。栽植赏玩，不可毫涉酸气。用文石为栏，参差数级，以次列种。花时设宴，用木为架，张碧油幔于上，以蔽日色，夜则悬灯以照。忌二种并列，忌置木桶及盆盎中。

---

① 帏：帐幕。
② 箔：苇子或秫秸织成的帘子。
③ 铃索护持：把铃铛挂在花梢上来惊吓鸟雀，以保护花木。
④ 石礅：木柱下的石墩，指搭建花架的材料。
⑤ 考职事：考核技艺。

［明］陈道复《牡丹花卉图》（局部）

玉兰

玉兰，宜种厅事前。对列数株，花时如玉圃琼林，最称绝胜。别有一种紫者，名木笔[1]，不堪与玉兰作婢，古人称辛夷，即此花。然辋川[2]辛夷坞、木兰柴不应复名，当是二种。

海棠

昌州海棠有香，今不可得。其次西府[3]为上，贴梗[4]次之，垂丝[5]又次之。余以垂丝娇媚，真如妃子醉态，较二种尤胜。木瓜花似海棠，故亦称木瓜海棠。但木瓜花在叶先，海棠花在叶后，为差别耳！别有一种曰"秋海棠"，性喜阴湿，宜种背阴阶砌，秋花中此为最艳，亦宜多植。

山茶

蜀茶、滇茶俱贵，黄者尤不易得。人家多以配玉兰，以其花同时，而红白烂然，差俗。又有一种名醉杨妃[6]，开向雪中，更自可爱。

---

① 木笔：即木兰。早春先叶开花，花大，外面紫色，内面近白色，微香。

② 辋川：古水名，即辋谷水。唐朝诗人王维曾置别业在此，集其田园所作之诗，号《辋川集》。

③ 西府：即西府海棠。蔷薇科，落叶小乔木，花为淡红色，是中国的特有植物。

④ 贴梗：即贴梗海棠。蔷薇科，落叶灌木，有刺，花常橘红色。

⑤ 垂丝：即垂丝海棠。蔷薇科，落叶小乔木，花为红色，花梗长而下垂，故为此名。

⑥ 醉杨妃：花为桃红色，是蜀茶的一种变种。

［宋］《海棠蛱蝶图》（局部）

〔明〕孙克弘《百花图》（局部）

桃

桃为仙木，能制百鬼，种之成林，如入武陵[1]桃源，亦自有致，第非盆盎及庭除物。桃性早实，十年辄枯，故称"短命花"。碧桃、人面桃差之，较凡桃更美，池边宜多植。若桃柳相间，便俗。

李

桃花如丽姝[2]，歌舞场中，定不可少。李如女道士，宜置烟霞泉石间，但不必多种耳。别有一种名郁李子[3]，更美。

杏

杏与朱李[4]、蟠桃皆堪鼎足，花亦柔媚。宜筑一台，杂植数十本。

梅

幽人花伴，梅实专房[5]。取苔护藓封，枝稍古者，移植石岩或庭际，最古。另种数亩，花时坐卧其中，令神骨俱清。绿萼[6]

---

① 武陵：郡名。汉高帝五年置。治今湖南常德市。
② 丽姝：美貌女子。
③ 郁李子：即郁李。蔷薇科。落叶小灌木，花为粉红色或近白色。
④ 朱李：即红李，亦称"赤李"。李子的果皮是红色的。
⑤ 专房：犹专宠。
⑥ 绿萼：即绿萼梅，落叶灌木，花为白色，萼为绿色。

更胜，红梅差俗；更有虬枝屈曲，置盆盎中者，极奇。蜡梅磬口^①为上，荷花^②次之，九英^③最下，寒月庭除，亦不可无。

瑞香

相传庐山有比丘^④昼寝，梦中闻花香，寤而求得之，故名"睡香"。四方奇异，谓"花中祥瑞"，故又名"瑞香"，别名"麝囊"。又有一种金边^⑤者，人特重之。枝既粗俗，香复酷烈，能损群花，称为花贼，信不虚也。

蔷薇　木香^⑥

尝见人家园林中，必以竹为屏，牵五色蔷薇^⑦于上。架木为轩，名"木香棚"。花时杂坐其下，此何异酒食肆中？然二种非屏架不堪植，或移着闺阁，供士女采掇，差可。别有一种名"黄蔷薇"，最贵，花亦烂漫悦目。更有野外丛生者，名"野蔷薇"，香更浓郁，可比玫瑰。他如宝相、金沙罗、金钵盂、佛见笑、七姊妹、十姊妹、刺桐、月桂等花，姿态相似，种法亦同。

---

① 磬口：即磬口梅。落叶灌木，花为纯黄色，花瓣较圆，香气浓。
② 荷花：即荷花梅。素心蜡梅的变种。花为金黄色，味清香。
③ 九英：即九英梅。亦称"狗英梅"。花小味香，是蜡梅的一种。
④ 比丘：指年满二十岁、受过具足戒的男性僧侣。中国俗称"和尚"。
⑤ 金边：即金边瑞香。常绿灌木，叶边缘为金黄色，是瑞香的变种，花香浓郁。
⑥ 木香：蔷薇科，常绿或半常绿攀缘灌木。花为白色或黄色，芳香，产于中国。
⑦ 五色蔷薇：花繁多而小，一枝上有五六朵，有深红、浅红的区别。

玫瑰

玫瑰一名"徘徊花"，以结为香囊，芬氲^①不绝，然头非幽人所宜佩。嫩条丛刺，不甚雅观，花色亦微俗，宜充食品，不宜簪带。吴中有以亩计者，花时获利甚夥^②。

葵花

葵花种类莫定，初夏，花繁叶茂，最为可观。一曰"戎葵"，奇态百出，宜种旷处；一曰"锦葵"，其小如钱，文采可玩，宜种阶除；一曰"向日"，别名"西番莲"，最恶。秋时一种，叶如龙爪，花作鹅黄者，名"秋葵"，最佳。

罂粟

以重台千叶^③者为佳，然单叶者子必满，取供清味亦不恶，药栏^④中不可缺此一种。

薇花

微花四种：紫色之外，白色者曰"白薇"，红色者曰"红

---

① 芬氲：芬芳且氤氲的香气。

② 夥：多。

③ 重台千叶：指花瓣多层重叠。

④ 药栏：指种芍药的花栏，后泛指花栏。

薇"，紫带蓝色者曰"翠薇"。此花四月开九月歇，俗称"百日红"。山园植之，可称"耐久朋"[1]。然花但宜远望，北人呼"猴郎达树"，以树无皮，猴不能捷也。其名亦奇。

芙蓉

宜植池岸，临水为佳，若他处植之，绝无丰致。有以靛纸[2]蘸花蕊上，仍裹其尖，花开碧色，以为佳，此甚无谓。

萱花

萱草忘忧，亦名"宜男"，更可供食品，岩间墙角，最宜此种。又有金萱，色淡黄，香甚烈，义兴山谷遍满，吴中甚少。他如紫白蛱蝶、春罗、秋罗、鹿葱[3]、洛阳、石竹，皆此花之附庸也。

薝葡[4]

一名"越桃"，一名"林兰"，俗名"栀子"，古称"禅友"，出自西域，宜种佛室中。其花不宜近嗅，有微细虫入人鼻

---

① 耐久朋：指能够长久维持的友谊。
② 靛纸：用青蓝色染料染成的纸。
③ 鹿葱：亦称"夏水仙""紫花石蒜"，花为淡紫红色或淡粉色。
④ 薝葡：花名，即薝卜。花为白色，味芬芳。宋代诗人曾端伯以十种花名各题名目，称为"十友"，其中栀子花被称为"禅友"。

孔，斋阁可无种也。

玉簪

洁白如玉，有微香，秋花中亦不恶。但宜墙边连种一带，花时一望成雪，若植盆石中，最俗。紫者名紫萼，不佳。

藕花[1]

藕花池塘最胜，或种五色官缸，供庭除赏玩犹可。缸上忌设小朱栏。花亦当取异种，如并头、重台、品字、四面观音、碧莲、金边等乃佳。白者藕胜，红者房胜。不可种七石酒缸[2]及花缸内。

水仙

水仙二种，花高叶短，单瓣者佳。冬月宜多植，但其性不耐寒，取极佳者移盆盎，置几案间。次者杂植松竹之下，或古梅奇石间，更雅。冯夷[3]服花八石，得为水仙，其名最雅，六朝人乃呼为"雅蒜"，大可轩渠[4]。

---

① 藕花：即荷花。
② 七石酒缸：旧时苏州等地经常使用的一种尺寸较大的陶缸。
③ 冯夷：古代神话中的水神名。
④ 轩渠：渠，通"举"。形容儿童举手耸身以就父母之状。后亦形容笑貌。

［明］陈洪绶《荷花鸳鸯图》（局部）

凤仙

号"金凤花"，木避李后①讳，改为"好儿女花"。其种易生，花叶俱无可观。更有以五色种子同纳竹筒，花开五色，以为奇，甚无谓。花红，能染指甲，然亦非美人所宜。

茉莉　素馨②　夜合

夏夜最宜多置，风轮③一鼓，满室清芬，章江④编篱插棘，俱用茉莉，花时，千艘俱集虎丘⑤，故花市初夏最盛。培养得法，亦能隔岁发花，第枝叶非几案物，不若夜合，可供瓶玩。

杜鹃

花极烂漫，性喜阴畏热，宜置树下阴处。花时，移置几案间。别有一种名"映山红"，宜种石岩之上，又名"羊踯躅"⑥。

---

① 李后：指宋光宗皇后李凤娘。
② 素馨：木樨科，花为白色且香味芬芳。
③ 风轮：古时夏天用来获取清凉的机械装置。
④ 章江：即赣江，是江西省最大的河流。
⑤ 虎丘：在江苏省苏州市区西北。
⑥ 羊踯躅：亦称"闹羊花"。春季开花，花鲜黄色。此处疑似有误，应为"山踯躅"。

［明］陈道复《梅花水仙图》（局部）

松

松、柏古虽开称，然最高贵者，必以松为首。天目①最上，然不易种。取栝子松②植堂前广庭，或广台之上，不妨对偶。斋中宜植一株，下用文石为台，或太湖石为栏俱可。水仙、兰蕙、萱草之属，杂莳其下。山松宜植土冈之上，龙鳞既成，涛声相应，何减五株九里③哉？

木槿

花中最贱，然古称"舜华"，其名最远，又名"朝菌"。编篱野岸，不妨间植，必称林园④佳友，未之敢许也。

桂

丛桂开时，真称"香窟"⑤，宜辟地二亩，取各种并植，结亭其中，不得颜以"天香"⑥"小山"⑦等语，更勿以他树杂

---

① 天目：即天目松，常绿乔木，因在浙皖交界处的天目山区分布较广而得名。
② 栝子松：即白皮松。松科，常绿乔木，树皮为白色。
③ 五株九里：二者均是与松树有关的典故。五株是指泰山上的五大夫松；九里是指西湖的九里松。
④ 林园：义同"园林"。
⑤ 香窟：即香的所生之处。
⑥ 天香：此语出自宋之问《灵隐寺》："桂子月中落，天香云外飘。"特指桂、梅、牡丹等花的香气。
⑦ 小山：此语出自庾信《枯树赋》"小山则丛桂留人"之句，特指桂树。

之。树下地平如掌，洁不容唾，花落地，即取以充食品。

柳

顺插为杨，倒插为柳，更须临池种之。柔条拂水，弄绿搓黄，大有逸致。且其种不生虫，更可贵也。西湖柳亦佳，颇涉脂粉气。白杨、风杨，俱不入品。

芭蕉

绿窗分映，但取短者为佳，盖高则叶为风所碎耳。冬月有去梗以稻草覆之者，过三年，即生花结甘露，亦甚不必。又作盆玩者，更可笑。不如棕榈为雅，且为麈尾①蒲团，更适用也。

槐榆

宜植门庭，板扉绿映，真如翠幄②。槐有一种天然樛屈枝③，枝叶皆倒垂蒙密，名"盘槐"，亦可观。他如石楠、冬青、杉柏，皆丘垄④间物，非园林所尚也。

----

① 麈尾：即拂尘。用鹿尾或马尾做成的拂除尘埃的器具。
② 翠幄：翠绿色的帐幕。
③ 樛屈枝：向下弯曲的树枝。
④ 丘垄：荒地。

［明］文徵明《枯木疏篁图》（局部）

梧桐

青桐①有佳荫，株绿如翠玉，宜种广庭中。当日令人洗拭，且取枝梗如画者，若直上而旁无他枝，如拳如盖，及生棉②者，皆所不取，其子亦可点茶。生于山冈者曰"冈桐"，子可作油。

椿

椿树高耸而枝叶疏，与樗不异，香曰"椿"，臭曰"樗"。圃中沿墙，宜多植以供食。

银杏

银杏株叶扶疏，新绿时最可爱。吴中刹宇及旧家名园，大有合抱者，新植似不必。

竹

种竹宜筑土为垄，环水为溪，小桥斜渡，陟级而登，上留平台，以供坐卧，科头散发，俨如万竹林中人也。否则辟地数亩，尽去杂树，四周石垒令稍高，以石柱朱栏围之，竹下不留

---

① 青桐：即梧桐，因为树皮呈青色而得名。
② 生棉：指生出飞絮。

纤尘片叶，可席地而坐，或留石台、石凳之属。竹取长枝巨
干，以毛竹为第一，然宜山不宜城；城中则护基笋最佳，竹不
甚雅。粉筋斑紫①，四种俱可，燕竹最下。慈姥竹即桃枝竹，
不入品。又有木竹、黄菰竹、箸竹、方竹、黄金间碧玉、观
音、凤尾、金银诸竹。忌种花栏之上，及庭中平植；一带墙头，
直立数竿。至如小竹丛生，曰"潇湘竹"，宜于石岩小池之畔，
留植数枝，亦有幽致。种竹有"疏种""密种""浅种""深种"
之法。疏种谓"三四尺地方种一窠，欲其土虚行鞭"，密种谓
"竹种虽疏，然每窠却种四五竿，欲其根密"，浅种谓"种时
入土不深"，深种为"入土虽不深，上以田泥壅之"。如法，
无不茂盛。又棕竹三等：曰筋头，曰短柄，二种枝短叶垂，堪
植盆盎；曰朴竹，节稀叶硬，全欠温雅，但可作扇骨料及画义
柄耳。

菊

吴中菊盛时，好事家必取数百本，五色相间，高下次列，
以供赏玩，此以夸富贵容则可。若真能赏花者，必觅异种，
用古盆盘植一枝两枝，茎挺而秀，叶密而肥，至花发时，置

---

① 粉筋斑紫：即粉竹、筋竹、斑竹、紫竹，都是供观赏用的竹品种。

几榻间，坐卧把玩，乃为得花之性情。甘菊惟荡口①有一种，枝曲如偃盖，花密如铺锦者，最奇，余仅可收花以供服食。野菊宜着篱落间。菊有六要二防之法，谓胎养、土宜、扶植、雨旸②、修葺、灌溉，防虫，及雀作窠时，必来摘叶，此皆园丁所宜知，又非吾辈事也。至如瓦料盆及合两瓦为盆者，不如无花为愈矣。

兰

兰出自闽中③者为上，叶如剑芒，花高于叶，《离骚》所谓"秋兰兮青青，绿叶兮紫茎"者是也。次则赣州者亦佳，此俱山斋所不可少，然每处仅可置一盆，多则类虎丘花市。盆盎须觅旧龙泉④、均州⑤、内府⑥、供春⑦绝大者，忌用花缸、牛腿⑧诸俗制。四时培植：春日叶芽已发，盆土已肥，不可沃肥水，常以尘

---

① 荡口：即荡口镇。位于无锡与苏州交界处，鹅湖之西，是鹅真荡的口岸，故名"荡口"。

② 雨旸：即阴雨天和晴天。

③ 闽中：旧时为福州府别称。

④ 龙泉：指龙泉窑所出的瓷器。龙泉窑为宋代著名瓷窑之一，旧址在浙江省龙泉市。

⑤ 均州：即钧州，指钧窑所出的瓷器。钧窑在今河南禹州市。

⑥ 内府：指内府窑所出的瓷器。亦称"官窑"。

⑦ 供春：指"供春壶"，是宜兴紫砂壶中的精品之作。

⑧ 牛腿：即牛腿盆，指带四足的长方形花盆。

帚拂拭其叶，勿令尘垢；夏日花开叶嫩，勿以手摇动，待其长茂，然后拂拭；秋则微拨开根土，以米泔水少许注根下，勿溃污叶上；冬则安顿向阳暖室，天晴无风舁出①，时时以盆转动，四面令匀，午后即收入，勿令霜雪侵之。若叶黑无花，则阴多故也。治蚁虱，惟以大盆或缸盛水，浸逼花盆，则蚁自去。又治叶虱如白点，以水一盆，滴香油少许于内，用棉蘸水拂拭，亦自去矣。此艺兰简便法也。又有一种出杭州者，曰"杭兰"；出阳羡山中者，名"兴兰"；一干数花者，曰"蕙"。此皆可移植石岩之下，须得彼中原土，则岁岁发花。珍珠、风兰，俱不入品。箬兰，其叶如箬，似兰无馨，草花奇种。金粟兰名"赛兰"，香特甚。

瓶花

堂供必高瓶大枝，方快人意。忌繁杂如缚，忌花瘦于瓶，忌香、烟、灯煤熏触，忌油手拈弄，忌井水贮瓶，味咸不宜于花，忌以插花水入口，梅花、秋海棠二种，其毒尤甚。冬月入硫黄于瓶中，则不冻。

---

① 舁出：抬出来。

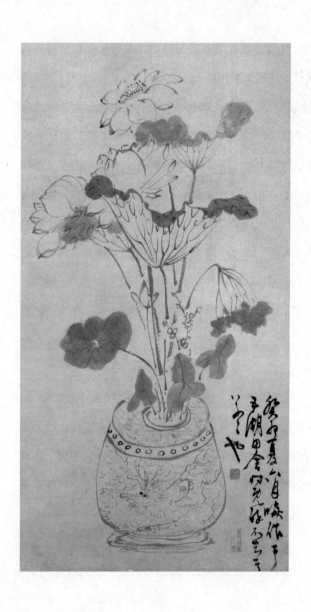

［明］陈道复《瓶莲图》（局部）

盆玩

　　盆玩，时尚以列几案间者为第一，列庭榭中者次之，余持论则反是。最古者以天目松为第一，高不过二尺，短不过尺许，其本如臂，其针若簇，结为马远①之"欹斜诘屈"，郭熙②之"露顶张拳"，刘松年③之"偃亚层叠"，盛子昭④之"拖拽轩翥"等状，栽以佳器，槎牙可观。又有古梅，苍藓鳞皴，苔须垂满，含花吐叶，历久不败者，亦古。若如时尚作沉香片者，甚无谓。盖木片生花，有何趣味？真所谓以"耳食"者矣！又有枸杞及水冬青、野榆、桧柏之属，根若龙蛇，不露束缚锯截痕者，俱高品也。其次则闽之水竹，杭之虎刺，尚在雅俗间。乃若菖蒲九节，神仙所珍，见石则细，见土则粗，极难培养。吴人洗根浇水，竹翦修净，谓朝取叶间垂露，可以润眼，意极珍之。余谓此宜以石子铺一小庭，遍种其上，雨过青翠，自然生香；若盆中栽植，列几案间，殊为无谓，此与蟠桃、双果之类，俱未敢随俗作好也。他如春之兰蕙，夏之夜

---

① 马远：南宋画家。字遥父，号钦山。多作"一角""半边"之景，构图别具一格，有"马一角"之称。又工画水，兼精人物、花鸟。
② 郭熙：北宋画家。字淳夫。工山水，笔势劲健，水墨明洁。存世作品有《早春图》《幽谷图》等。
③ 刘松年：南宋画家。钱塘（今浙江杭州）人。擅山水，笔墨劲挺精严，着色妍丽明爽。存世作品有《秋山行旅图》《四景山水图》等。
④ 盛子昭：即盛懋，元画家。字子昭。工山水，林木丰茂；也画人物、花鸟。存世作品有《秋林高士图》《秋江待渡图》等。

合、黄香萱、夹竹桃花，秋之黄密矮菊，冬之短叶水仙及美人蕉诸种，俱可随时供玩。盆以青绿古铜、白定、官哥[1]等窑为第一，新制者五色内窑及供春粗料可用，余不入品。盆宜圆，不宜方，尤忌长狭。石以灵壁[2]、英石、西山佐之，余亦不入品。斋中亦仅可置一二盆，不可多列。小者忌架于朱几，大者忌置于官砖，得旧石凳或古石莲礛为座，乃佳。

---

① 白定、官哥：指定窑白瓷和官窑、哥窑出产的瓷器。
② 灵壁：原文为"壁"，指灵壁石。

∨
∨
∨

卷三　水石

石令人古，水令人远，园林水石①，最不可无。要须回环峭拔，安插得宜。一峰则太华②千寻，一勺则江湖万里。又须修竹、老木、怪藤、丑树交覆角立③，苍崖碧涧，奔泉汛流，如入深岩绝壑之中，乃为名区胜地。约略其名，匪一端矣。志《水石第三》。

广池

凿池自亩以及顷，愈广愈胜。最广者，中可置台榭之属，或长堤横隔，汀蒲④、岸苇杂植其中，一望无际，乃称巨浸。若须华整，以文石为岸，朱栏回绕，忌中留土，如俗名战鱼墩⑤，或拟金焦⑥之类。池傍植垂柳，忌桃杏间种。中畜凫雁，须十数为群，方有生意。最广处可置水阁，必如图画中者佳。忌置簰舍⑦。于岸侧植藕花，削竹为阑，勿令蔓衍。忌荷叶满池，不见水色。

---

① 水石：在园林中，通过筑山引水增加景致。
② 太华：即华山。在陕西省东部。主峰太华山，古称"西岳"，在华阴市南，海拔 2154.9 米。
③ 角立：卓然特立。
④ 汀蒲：汀，水中或水边的平地。蒲，亦名"香蒲"，水生植物名，可以制席。
⑤ 战鱼墩：在水中盖出土堆，以便于撒网捕鱼。
⑥ 拟金焦：即两山相对。模拟镇江金山与焦山相对峙的场面。
⑦ 簰舍：在竹木排上搭建的小屋子。簰，竹排或木排。

［明］沈周《虎丘十二景图册》（其一）（局部）

小池

　　阶前石畔凿一小池，必须湖石四围，泉清可见底。中畜朱鱼[①]、翠藻，游泳可玩。四周树野藤、细竹，能掘地稍深，引泉脉[②]者更佳。忌方圆八角诸式。

瀑布

　　山居引泉，从高而下，为瀑布稍易，园林中欲作此，须截竹长短不一，尽承檐溜[③]，暗接藏石罅中，以斧劈石叠高，下凿小池承水，置石林立其下，雨中能令飞泉溃薄[④]，潺湲[⑤]有声，亦一奇也。尤宜竹间松下，青葱掩映，更自可观。亦有蓄水于山顶，客至去闸，水从空直注者，终不如雨中承溜为雅。盖总属人为，此尤近自然耳。

凿井

　　井水味浊，不可供烹煮，然浇花洗竹，涤砚拭几，俱不可缺。凿井须于竹树之下，深见泉脉，上置辘轳引汲，不则盖一小

---

① 朱鱼：指园林中饲养的观赏鱼类。
② 泉脉：伏流地中的水源。
③ 檐溜：指下雨时从檐口流下的水。
④ **溃薄**：犹喷薄。喷涌而出。
⑤ 潺湲：水徐流貌。

亭覆之。石栏古号"银床"①，取旧制最大而古朴者置其上。井有神，井傍可置顽石，凿一小龛②，遇岁时奠以清泉 杯，亦自有致。

天泉③

秋水④为上，梅水⑤次之。秋水白而冽，梅水白而甘。春冬二水，春胜于冬。盖以和风甘雨，故夏月暴雨不宜，或因风雷蛟龙所致，最足伤人。雪为五谷之精，取以煎茶，最为幽况，然新者有土气，稍陈乃佳。承水用布，于中庭受之，不可用檐溜。

地泉⑥

乳泉漫流如惠山泉为最胜，次取清寒者。泉不难于清，而难于寒。土多沙腻泥凝者，必不清寒。又有香而甘者，然甘易而香难，未有香而不甘者也。瀑涌湍急者勿食，食久令人有头疾。如庐山水帘、天台瀑布，以供耳目则可，入水品则不宜。温泉下生硫黄，亦非食品。

---

① 银床：即井栏。
② 龛：供奉佛像或神像的石室或柜子。
③ 天泉：自天上落下的水。即雨、雪的水。
④ 秋水：即秋天下的雨水。
⑤ 梅水：即梅雨季节下的雨水。
⑥ 地泉：从地下涌出的泉水。

丹泉

名山大川，仙翁修炼之处，水中有丹，其味异常，能延年却病，此自然之丹液^①，不易得也。

英石

出英州^②倒生岩下，以锯取之，故底平起峰，高有至三尺及寸余者。小斋之前，叠一小山，最为清贵。然道远不易致。

太湖石

石在水中者为贵，岁久为波涛冲击，皆成空石，面面玲珑。在山上者名"旱石"，枯而不润，赝作"弹窝"^③，若历年岁久，斧痕已尽，亦为雅观。吴中所尚假山皆用此石。又有小石久沉湖中，渔人网得之，与灵壁、英石亦颇相类，第声不清响。

尧峰石

近时始出，苔藓丛生，古朴可爱。以未经采凿，山中甚多，但不玲珑耳。然正以不玲珑，故佳。

---

① 丹液：指道教所说的长生不老药。
② 英州：即今广东英德。
③ 弹窝：指太湖石上的孔洞。敲击时，声铿然如磬。

昆山石

出昆山马鞍山①下，生于山中，掘之乃得，以色白者为贵。有鸡骨片、胡桃块二种，然亦俗尚，非雅物也。间有高七八尺者，置之古大石盆中，亦可。此山皆火石，火气暖，故栽菖蒲等物于上，最茂。惟不可置几案及盆盎中。

锦川　将乐　羊肚②

石品惟此三种最下，锦川尤恶。每见人家石假山，辄置数峰于上，不知何味。斧劈以大而顽者为雅，若直立一片，亦最可厌。

土玛瑙

出山东兖州府沂州，花纹如玛瑙，红多而细润者佳。有红丝石，白地上有赤红纹。有竹叶玛瑙，花斑与竹叶相类，故名。此俱可锯板，嵌几榻屏风之类，非贵品也。石子五色，或大如拳，或小如豆，中有禽鱼、鸟兽、人物、方胜③、回纹之形，置青绿小盆，或宣窑白盆内，班④然可玩，其价甚贵，亦不易得，然斋

---

① 马鞍山：市名。在安徽省东部、长江南岸、邻接江苏省。
② 锦川、将乐、羊肚：锦川，即锦川石，是一种假山石；将乐，即将乐石，产自福建将乐县；羊肚，即羊肚石，又名浮海石，是由火山喷出的岩浆形成的多孔状石块。
③ 方胜：方形的彩胜，古代饰物。以彩绸等为之，由两个菱形部分叠合而成。后也指这种形状的物品。
④ 班：通"斑"。

中不可多置。近见人家环列数盆，竟如贾肆①。新都人有名"醉石斋"者，闻其藏石甚富且奇。其地溪涧中，另有纯红、纯绿者，亦可爱玩。

大理石

出滇中，白若玉、黑若墨为贵。白微带青，黑微带灰者，皆下品。但得旧石，天成山水云烟，如"米家山"②，此为无上佳品。古人以镶屏风，近始作几榻，终为非古。近京口③一种，与大理相似，但花色不清，石药④填之为山云泉石，亦可得高价。然真伪亦易辨，真者更以旧为贵。

永石

即祁阳⑤石，出楚中。石不坚，色好者有山水、日月、人物之象。紫花者稍胜，然多是刀刮成，非自然者，以手摸之，凹凸者可验。大者以制屏，亦雅。

---

① 贾肆：指商店。
② 米家山：北宋书画家米芾，画山水不求工细，多用水墨点染，画史上有"米家山""米氏云山"和"米派"之称。
③ 京口：古地名。故址在今江苏镇江市。
④ 石药：古人服用的某些经过淬炼的矿物质，如五石散、寒石散等。
⑤ 祁阳：县名。在湖南省南部、湘江中游。属永州市。

卷四　禽鱼

语鸟①拂阁以低飞，游鱼排荇②而径度③，幽人会心，辄令竟日忘倦。顾声音颜色，饮啄态度，远而巢居穴处，眠沙泳浦，戏广浮深，近而穿屋贺厦④，知岁司晨啼春噪晚者，品类不可胜纪。丹林绿水，岂令凡俗之品，阑入⑤其中。故必疏其雅洁，可供清玩者数种，令童子爱养饵饲，得其性情，庶几⑥驯鸟雀，狎⑦凫鱼，亦山林之经济也。志《禽鱼第四》。

鹤

华亭⑧鹤窠村所出，具体高俊，绿足龟文，最为可爱。江陵鹤津、维扬⑨俱有之。相鹤但取标格⑩奇俊，唳声清亮，颈欲细而长，足欲瘦而节，身欲人立，背欲直削。蓄之者当筑广台，或高冈土垄之上，居以茅庵，邻以池沼，饲以鱼谷。欲教以舞，俟其饥，置食于空野，使童子拊掌⑪顿足以诱之。习之既熟，一闻拊掌，即便起舞，谓之食化。空林别墅，白石青松，惟此君最宜。其余羽族，俱未入品。

---

① 语鸟：此处指鸣禽，善于鸣啭，巧于营巢。
② 荇：即荇菜。茎为白色，叶为紫赤色，浮于水面。
③ 径度：直接渡过。
④ 穿屋贺厦：指鸟雀随人而居。"穿屋"指雀，"贺厦"指燕子。
⑤ 阑入：掺杂进去。
⑥ 庶几：也许可以。
⑦ 狎：狎玩。
⑧ 华亭：古地名。又名"华亭谷"。在今上海市松江区西。
⑨ 维扬：旧扬州及扬州府别称。
⑩ 标格：犹风范、风度。
⑪ 拊掌：拍手，鼓掌。

［明］边景昭《竹鹤图》（局部）

［明］周之冕《双燕鸳鸯图》（局部）

鸂鶒^①

鸂鶒能敕水，故水族不能害。蓄之者宜于广池巨浸，十数为群，翠毛朱喙，灿然水中。他如乌喙白鸭^②，亦可蓄一二，以代鹅群，曲栏垂柳之下，游泳可玩。

鹦鹉

鹦鹉能言，然须教以小诗及韵语，不可令闻市井鄙俚之谈，聒然盈耳。铜架食缸，俱须精巧。然此鸟及锦鸡、孔雀、倒挂^③、吐绶^④诸种，皆断为闺阁中物，非幽人所需也。

百舌 画眉 鹳鹆^⑤

饲养驯熟，绵蛮软语，百种杂出，俱极可听，然亦非幽斋所宜。或于曲廊之下，雕笼画槛，点缀景色则可，吴中最尚此鸟。余谓有禽癖^⑥者，当觅茂林高树，听其自然弄声，尤觉可爱。更有小鸟名"黄头"，好斗，形既不雅，尤属无谓。

---

① 鸂鶒：水鸟名。因此鸟形大于鸳鸯而色多紫，故亦称"紫鸳鸯"。
② 乌喙白鸭：指凤头鸭中的珍品——乌嘴白羽鸭。
③ 倒挂：即倒挂鸟，羽毛为绿色。
④ 吐绶：指吐绶鸡，即火鸡。体高大，裸头而有珊瑚状皮瘤，喉下有肉垂。
⑤ 鹳鹆：鸟名。即八哥。
⑥ 禽癖：养鸟的癖好。

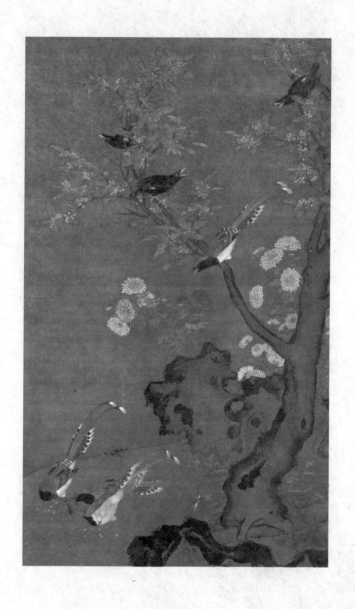

［明］吕纪《桂菊山禽图》（局部）

［明］缪辅《鱼藻图》（局部）

朱鱼

朱鱼独盛吴中，以色如辰州朱砂故名。此种最宜盆蓄，有红而带黄色者，仅可点缀陂池①。

鱼类

初尚纯红、纯白，继尚金盔、金鞍、锦被及印头红、裹头红、连腮红、首尾红、鹤顶红，继又尚墨眼、雪眼、朱眼、紫眼、玛瑙眼、琥珀眼、金管、银管，时尚极以为贵。又有堆金砌玉、落花流水、莲台八瓣、隔断红尘、玉带围、梅花片、波浪纹、七星纹种种变态，难以尽述，然亦随意定名，无定式也。

蓝鱼　白鱼

蓝如翠②，白如雪，迫而视之，肠胃俱见，此即朱鱼别种，亦贵甚。

鱼尾

自二尾以至九尾，皆有之，第美钟于尾，身材未必佳。盖鱼身必洪纤合度③，骨肉停匀，花色鲜明，方入格。

---

① 陂池：池沼。
② 翠：翠玉。
③ 洪纤合度：指大小匀称，不胖不瘦，正合适。

［清］郎世宁《鱼藻图》（局部）

观鱼

宜早起，日未出时，不论陂池、盆盎，鱼皆荡漾于清泉碧沼之间。又宜凉天夜月、倒影插波，时时惊鳞泼刺①，耳目为醒。至如微风披拂，琮琮②成韵，雨过新涨，縠纹皱绿，皆观鱼之佳境也。

吸水

盆中换水一两日，即底积垢腻③，宜用湘竹一段，作吸水筒吸去之。倘过时不吸，色便不鲜美。故佳鱼，池中断不可蓄。

水缸

有古铜缸，大可容二石④，青绿四裹，古人不知何用，当是穴中注油点灯之物，今取以蓄鱼，最古。其次以五色内府、官窑、磁州所烧纯白者，亦可用。惟不可用宜兴所烧花缸及七石⑤、牛腿⑥诸俗式。余所以列此者，实以备清玩一种，若必按图而索⑦，亦为板俗⑧。

---

① 泼刺：鱼跃的声音。
② 琮琮：形容水石相击之声。
③ 垢腻：腻腻的污垢。
④ 石：旧重量单位，十斗为一石。
⑤ 七石：缸名，即七石缸，是一种体积很大的缸。
⑥ 牛腿：缸名，即牛腿缸，缸底有四条腿，犹如牛腿。
⑦ 按图而索：同"按图索骥"。比喻食古不化，拘泥成法办事，也泛指按照线索寻找目标。
⑧ 板俗：呆板且庸俗。

卷五　书画

金生于山，珠产于渊，取之不穷，犹为天下所珍惜。况书画在宇宙，岁月既久，名人艺士，不能复生，可不珍秘宝爱？一入俗子之手，动见劳辱①，卷舒失所，操揉②燥裂，真书画之厄也。故有收藏而未能识鉴，识鉴而不善阅玩，阅玩而不能装褫③，装褫而不能铨次④，皆非能真蓄书画者。又蓄聚既多，妍蚩⑤混杂，甲乙次第，毫不可讹。若使真赝并陈，新旧错出，如入贾胡肆⑥中，有何趣味？所藏必有晋、唐、宋、元名迹，乃称博古。若徒取近代纸墨，较量真伪，心无真赏，以耳为目，手执卷轴，口论贵贱，真恶道也。志《书画第五》。

论书

观古法书，当澄心定虑。先观用笔结体，精神照应，次观人为天巧、自然强作；次考古今跋尾⑦、相传来历；次辨收藏印识⑧、纸色、绢素⑨。或得结构而不得锋芒者，模本也；得笔意

---

① 劳辱：频繁取置，不加爱护。
② 操揉：拿着揉搓。
③ 装褫：即"装裱"。中国裱背和装饰字画、碑帖等的一门特殊技艺。
④ 铨次：选择和编次。
⑤ 妍蚩：蚩通"媸"。美好和丑恶。
⑥ 贾胡肆：贾，古指设肆售货的商人。胡，中国古代对北方和西域各族的泛称。肆，商店。
⑦ 跋尾：在文章或书画手卷之后题写文字。
⑧ 印识：印章和题字。
⑨ 绢素：可用以作书画用的白绢。

而不得位置者，临本也；笔势不联属，字形如算子^①者，集书也；形迹虽存，而真彩神气索然者，双钩^②也。又古人用墨，无论燥润肥瘦，俱透入纸素^③，后人伪作，墨浮而易辩。

论画

山水第一，竹、树、兰、石次之，人物、鸟兽、楼殿、屋木小者次之，大者又次之。人物顾盼语言，花、果迎风带露，鸟兽虫鱼，精神逼真，山水林泉，清闲幽旷，屋庐深邃，桥彴^④往来，石老而润，水淡而明，山势崔嵬^⑤，泉流洒落，云烟出没，野径迂回，松偃龙蛇，竹藏风雨，山脚入水澄清，水源来历分晓，有此数端，虽不知名，定是妙手。若人物如尸如塑，花果类粉捏雕刻，虫鱼鸟兽，但取皮毛，山水林泉，布置迫塞^⑥，楼阁模糊错杂，桥彴强作断形，径无夷险^⑦，路无出入，石止一面，树少四枝，或高大不称，或远近不分，或浓淡失宜，点染^⑧无法，或山脚无水面，水源无来历，虽有名款，定是俗笔，为后人填写。至于临摹赝手，落墨设色，自然不古，不难辨也。

———————————

① 算子：即算珠，比喻呆滞之物。
② 双钩：以法书置刻石上，沿其字迹，两边用细线勾出，以便摹刻。
③ 素：白色生绢。
④ 桥彴：独木桥。
⑤ 崔嵬：高峻貌。
⑥ 迫塞：逼近、阻塞。
⑦ 夷险：平坦、险峻。
⑧ 点染：画家点笔染翰称点染。

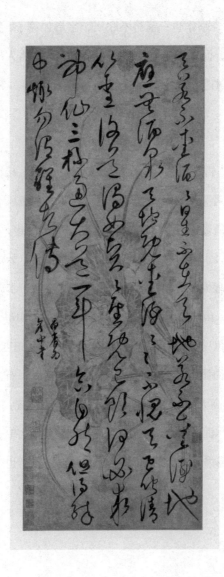

［明］宋广草书《太白酒歌》

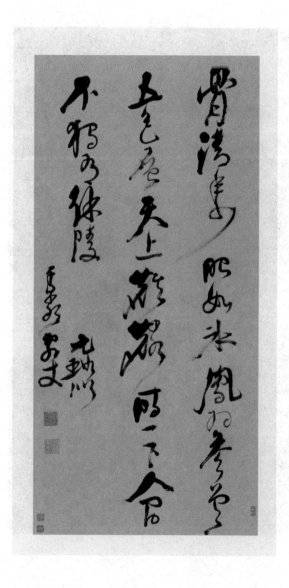

［明］倪元璐行书《赠李秀才是上公孙子》

［明］文徵明《楼居图》（局部）

书画价

书价以正书为标准，如右军草书一百字，乃敌一行行书，三行行书，敌一行正书[1]，至于《乐毅》《黄庭》《画赞》《告誓》，但得成篇，不可计以字数。画价亦然。山水竹石，古名贤象，可当正书；人物花鸟，小者可当行书；人物大者，及神图佛像、宫室楼阁、走兽虫鱼，可当草书。若夫台阁标功臣之烈，宫殿彰贞节之名，妙将入神，灵则通圣，开厨或失、挂壁欲飞，但涉奇事异名，即为无价国宝。又书画原为雅道，一作牛鬼蛇神，不可诘识，无论古今名手，俱落第二。

古今优劣

书学必以时代为限，六朝不及晋魏，宋元不及六朝与唐。画则不然，佛道、人物、仕女、牛马，近不及古；山水、林石、花竹、禽鱼，古不及近。如顾恺之[2]、陆探微[3]、张僧繇[4]、吴道玄[5]及阎

---

[1] 正书：亦称"正楷""楷书"。形体方正，笔画平直，可作楷模，故名。
[2] 顾恺之：东晋画家。字长康，晋陵无锡（今属江苏）人。其画笔迹周密，紧劲连绵，如春蚕吐丝。
[3] 陆探微：南朝宋画家，吴（治属江苏苏州）人。擅画肖像、人物，兼工蝉雀、马匹。
[4] 张僧繇：南朝梁画家。吴郡（治今江苏苏州）人。擅人物故事画及宗教画。
[5] 吴道玄：即吴道子。唐代画家，擅画佛道人物，势状雄峻，生动而有立体感。画塑兼工。千百年来被奉为"画圣"。

立德、立本①，皆纯重雅正，性出天然；周昉②、韩幹③、戴嵩④，

气韵骨法，皆出意表，后之学者，终莫能及。至如李成⑤、关仝⑥、

范宽⑦、董源⑧、徐熙⑨、黄筌⑩、居寀⑪、二米⑫，胜国松雪⑬、大

---

① 阎立德、立本：唐代画家，兄弟二人，均擅长书画、工艺及建筑工程。阎
立本善画人物、车马、台阁，尤擅肖像画与历史人物画。

② 周昉：唐画家。字景玄，京兆（治今陕西西安）人。擅画肖像、佛像。画
佛像，神态端严，亦能画鞍马、鸟兽、草木。

③ 韩幹：唐代画家。擅绘人物、鬼神，尤工画马，所绘马匹，体形肥硕，比
例准确。

④ 戴嵩：唐画家。擅画田家、川原之景，画水牛尤为著名，与韩幹画马并称
"韩马戴牛"。

⑤ 李成：五代、宋初画家。擅画山水，多作平远寒林，画法简练，笔势锋利。

⑥ 关仝：五代后梁画家。所画山水颇能表现出关陕一带山川的特点和雄伟气势。

⑦ 范宽：北宋画家。善画山水，师李成、荆浩，能自出新意，别成一家。

⑧ 董源：五代南唐画家。以画山水见长，也能画牛、虎、龙及人物。

⑨ 徐熙：五代南唐画家。擅画花竹、禽鱼、蔬果、草虫。

⑩ 黄筌：五代后蜀画家。擅画花鸟，技艺全面，以画品"富贵"流布后世。

⑪ 居寀：黄居寀，五代、宋初画家。擅绘花竹禽鸟，精于勾勒，用笔劲挺工
稳，填彩浓厚华丽。

⑫ 二米：宋代米芾、米友仁父子，画家。米芾绘画题材十分广泛，山水画成
就最高，追求自然的艺术风格。米友仁承继并发展米芾的山水技法，其父子
二人有大、小米之称。

⑬ 松雪：即赵孟頫。元代书画家。号松雪道人。擅画，倡导士气，开创了元
代新画风。

痴①、元镇②、叔明③诸公，近代唐、沈④，及吾家太史、和州⑤辈，皆不藉师资，穷工极致，借使二李⑥复生，边鸾⑦再山，亦何以措于其间。故蓄书必远求上古，蓄画始自顾、陆、张、吴，下至嘉隆名笔，皆有奇观。惟近时点染诸公，则未敢轻议。

粉本

古人画稿，谓之粉本，前辈多宝蓄之，盖其草草不经意处有自然之妙。宣和⑧、绍兴⑨所藏粉本，多有神妙者。

赏鉴

看书画如对美人，不可毫涉粗浮之气，盖古画纸绢皆脆，舒卷不得法，最易损坏，尤不可近风日，灯下不可看画，恐落煤

---

① 大痴：即元代画家黄公望，号"大痴道人"，擅长画山水。

② 元镇：即倪瓒，元代画家。字元镇，工诗画，画山水意境幽深。

③ 叔明：即元代画家王蒙，字叔明，山水画受到赵孟頫的直接影响，后来进而师法王维、董源等人，综合出新风格。

④ 唐、沈：即明代画家唐寅与沈周。唐寅擅画山水、人物、花鸟，花鸟画长于水墨写意，洒脱随意，格调秀逸。沈周，明代中期文人画"吴派"的开创者，以山水和花鸟成就突出。

⑤ 吾家太史、和州：即明代文徵明、文嘉父子。文徵明是"吴门画派"创始人之一，山水、人物、花卉、兰竹等无一不工。文嘉善画山水。

⑥ 二李：即唐代李思训、李道昭父子。李思训擅画青绿山水，笔力遒劲，题材上多表现幽居之所。李道昭擅画青绿山水，画风精致。

⑦ 边鸾：唐代画家，最长于花鸟，下笔轻利，用色鲜明。

⑧ 宣和：即宋徽宗赵佶的年号。

⑨ 绍兴：即宋高宗赵构的年号。

烬，及为烛泪所污。饭后醉余，欲观卷轴，须以净水涤手。展玩之际，不可以指甲剔损。诸如此类，不可枚举。然必欲事事勿犯，又恐涉强作清态，惟遇真能赏鉴及阅古甚富者，方可与谈，若对伧父①辈，惟有珍秘不出耳。

绢素

古画绢色墨气，自有一种古香可爱，惟佛像有香烟熏黑，多是上下二色。伪作者，其色黄而不精采。古绢，自然破者，必有鲫鱼口，须连三四丝，伪作则直裂。唐绢丝粗而厚，或有捣熟者，有独梭绢，阔四尺余者。五代绢极粗如布。宋有院绢，匀净厚密，亦有独梭绢，阔五尺余，细密如纸者。元绢及国朝内府绢俱与宋绢同。胜国时有宓机绢，松雪、子昭画多用此，盖出嘉兴府宓家，以绢得名，今此地尚有佳者。近董太史②笔，多用砑光③白绫，未免有进贤气。

御府书画

宋徽宗御府所藏书画，俱是御书标题，后用宣和年号，"玉

---

① 伧父：亦作"伧夫"。犹言鄙夫，粗野的人。
② 董太史：即董其昌。明书画家。字玄宰，号思白、香光居士，华亭（今上海市松江区）人。擅山水，讲究笔致墨韵，画格清润明秀。
③ 砑光：以石碾磨纸、布、皮革等物使之光滑。

瓢御宝"①记之。题画书于引首一条，阔仅指大，傍有木印黑字一行，俱装池匠花押⑦名款，然亦真伪相杂，盖当时名手临摹之作，皆题为真迹。至明昌③所题更多，然今人得之，亦可谓"买王得羊"④矣。

院画⑤

宋画院众工，凡作一画，必先呈稿本，然后上真⑥，所画山水、人物、花木、鸟兽，皆是无名者。今国朝内画水陆及佛像亦然，金碧辉灿，亦奇物也。今人见无名人画，辄以形似，填写名款，觅高价，如见牛必戴嵩，见马必韩幹之类，皆为可笑。

单条⑦

宋元古画，断无此式，盖今时俗制，而人绝好之。斋中悬挂，俗气逼人眉睫，即果真迹，亦当减价。

---

① 玉瓢御宝：即宋徽宗所用的玉制瓢形玉印。皇帝的印信称为"宝"。
② 花押：亦称"花书"。旧时文书上的草书签名或代替签名的特种符号。
③ 明昌：即金朝章宗的年号。
④ 买王得羊：想买王献之的真迹，却得到羊欣的字，意为差强人意；还指描摹名人的字画虽然相似却终差一等。
⑤ 院画：一般指宋代翰林图画院及其后宫廷画家的绘画。亦可专指南宋画院作品，或泛指非宫廷画家效法南宋画院风格之作。这类作品，多以花鸟、山水或宗教内容为题材。
⑥ 上真：即在稿本上上墨、上色。
⑦ 单条：画幅细长、单独悬挂的画称为"单条"，亦称"条幅"。

宋绣 宋刻丝[1]

宋绣，针线细密，设色精妙，光彩射目，山水分远近之趣，楼阁得深邃之体，人物具瞻眺生动之情，花鸟极绰约嚵唼[2]之态，不可不蓄一二幅，以备画中一种。

装潢

装潢书画，秋为上时，春为中时，夏为下时，暑湿及沍寒[3]俱不可装裱。勿以熟纸，背必皱起，宜用白滑漫薄大幅生纸，纸缝先避人面及接处，若缝缝相接，则卷舒缓急有损，必令参差其缝，则气力均平。太硬则强急，太薄则失力。绢素彩色重者，不可捣理[4]。古画有积年尘埃，用皂荚清水数宿，托于太平案[5]扦去[6]，画复鲜明，色亦不落。补缀之法，以油纸衬之，直其边际，密其隙[7]缝，正其经纬，就其形制，拾其遗脱，厚薄均调，润洁平稳。又凡书画法帖，不脱落，不宜数装背，一装背，则一损精神。古纸厚者，必不可揭薄。

---

① 刻丝：亦称"缂丝"。中国传统丝织工艺品。盛于宋代。织造时，以细蚕丝为经，以色彩丰富的蚕丝作纬，其成品的花纹，正反两面如一。

② 嚵唼：吃东西的声音。

③ 沍寒：天气严寒，积冻不开。

④ 捣理：字画装裱以后，用大块鹅卵石在裱背上摩擦使其光滑。

⑤ 太平案：案即狭长的桌子。太平案即裱画桌。

⑥ 扦去：剔除、挑去。

⑦ 隙：同"隙"，即空隙、缝隙。

法糊①

用瓦盆盛水，以面　斤渗水上，任其浮沉，夏五口，冬十日，以臭为度。后用清水蘸白芨②半两、白矾三分，去滓③，和元浸面打成，就锅内打成团，另换水煮熟，去水倾置一器，候冷，日换水浸，临用以汤调开，忌用浓糊及敝帚④。

褾轴⑤

古人有镂沉檀为轴身，以果金⑥、鎏金、白玉、水晶、琥珀、玛脑⑦、杂宝为饰，贵重可观。盖白檀香洁去虫，取以为身，最有深意。今既不能如旧制，只以杉木为身。用犀、象、角三种雕如旧式，不可用紫檀、花梨、法蓝⑧诸俗制。画卷须出轴⑨，形制既小，不妨以宝玉为之，断不可用平轴⑩。签以犀、

---

① 法糊：在装裱过程中所使用的按照规定调成的糨糊。
② 白芨：亦作"白及"。兰科。多年生地生草本。茎粗壮。常栽培供观赏，具有药用价值及园林价值。
③ 滓：液体中沉淀的杂质；污垢。
④ 敝帚：破扫帚。
⑤ 褾轴："褾"同"裱"，此处即指裱轴。
⑥ 果金：即"裹金"。
⑦ 玛脑：即"玛瑙"。
⑧ 法蓝：疑似"珐琅"。覆盖于金属制品表面的玻璃质材料。涂敷于金属制品的表面，具有保护及装饰的作用。
⑨ 出轴：轴头露在画外，画卷有轴头。
⑩ 平轴：轴与画持平，外加贴片，画卷没有轴头。

［南宋］沈子蕃缂丝《梅鹊图》（局部）

［清］顾绣《一鹭芙蓉图》（局部）

玉为之。曾见宋玉签半嵌锦带内者，最奇。

藏画

以杉、枏木①为匣，匣内切勿油漆、糊纸，恐惹霉湿，四、五月先将画幅幅展看，微见日色，收起入匣，去地丈余，庶免霉白。平时张挂，须三五日一易，则不厌观，不惹尘湿，收起时，先拂去两面尘垢，则质地不损。

小画匣

短轴作横面开门匣，画直放入，轴头贴签，标写某书某画，甚便取看。

卷画

须顾边齐，不宜局促②，不可太宽，不可着力卷紧，恐急裂绢素。拭抹用软绢细细拂之，不可以手托起画轴就观，多致损裂。

---

① 枏木：木材为黄色，纹理稍黑，质地柔软，有香味。
② 局促：狭小。

南北纸墨

古之北纸，其纹横，质松而厚，不受墨；北墨，色青而浅，不和油蜡，故色淡而纹皱，谓之"蝉翅拓"。南纸其纹竖，用油蜡，故色纯黑而有浮光，谓之"乌金拓"。

悬画月令①

岁朝②宜宋画福神及古名贤像；元宵前后宜看灯、傀儡③；正、二月宜春游、仕女、梅、杏、山茶、玉兰、桃、李之属；三月三日，宜宋画真武④像；清明前后宜牡丹、芍药；四月八日，宜宋元人画佛及宋绣佛像，十四宜宋画纯阳⑤像；端午宜真人、玉符，及宋元名笔端阳景、龙舟、艾虎、五毒之类；六月宜宋元大楼阁、大幅山水、蒙密树石、大幅云山、采莲、避暑等图；七夕宜穿针乞巧、天孙织女⑥、楼阁、芭蕉、仕女等图；八月宜古桂或天香、书屋等图；九十月宜菊花、芙蓉、秋江、秋山、枫林等图；十一月宜雪景、蜡梅、水仙、醉杨妃等图；十二月宜钟馗、迎福、驱魅、嫁魅；腊月廿五宜玉帝、五色云车等图。至如移家则有葛仙移居等

---

① 悬画月令：悬挂画的时令。
② 岁朝：夏历正月初一。
③ 傀儡：即木偶戏图。
④ 真武：即"玄武"。中国古代神话中的北方之神，指二十八宿中的北方七宿。
⑤ 纯阳：即吕洞宾。唐末道士。号纯阳子，曾隐居终南山等地修道。后游历各地，自称回道人。
⑥ 天孙织女：指织女星。

图；称寿则有院画寿星、王母等图；祈晴则有东君；祈雨则有古画风雨神龙、春雷起蛰等图；立春则有东皇、太乙等图。皆随时悬挂，以见岁时节序。若大幅神图，及杏花燕子、纸帐梅、过墙梅、松柏、鹤鹿、寿星之类，一落俗套，断不宜悬。至如宋元小景，枯木、竹石四幅大景，又不当以时序论也。

卷六　几榻

古人制几榻①，虽长短广狭不齐，置之斋室，必古雅可爱，又坐卧依凭，无不便适。燕衎②之暇，以之展经史，阅书画，陈鼎彝③，罗肴核④，施枕簟，何施不可。今人制作，徒取雕绘文饰⑤，以悦俗眼，而古制荡然，令人慨叹实深。志《几榻第六》。

榻

座高一尺二寸，屏高一尺三寸，长七尺有奇，横三尺五寸。周设木格，中贯湘竹，下座不虚。三面靠背，后背与两傍等，此榻之定式也。有古断纹⑥者，有元螺钿⑦者，其制自然古雅。忌有四足，或为螳螂腿⑧，下承以板，则可。近有大理石镶者，有退光朱黑漆中刻竹树以粉填者，有新螺钿者，大非雅器。他如花楠、紫檀、乌木、花梨，照旧式制成，俱可用。一改长大诸式，虽曰美观，俱落俗套。更见元制榻，有长一丈五尺，阔二尺余，上无屏者，盖古人连床夜卧，以足抵足，其制亦古，然今却不适用。

---

① 几榻：案之小者为几，床低而小者为榻。

② 燕衎：宴饮作乐。

③ 鼎彝：古代宗庙祭祀之器。

④ 肴核：泛指肉类、菜类食品和果类食品。

⑤ 文饰：装饰。

⑥ 古断纹：年代久远的旧断纹。

⑦ 元螺钿：即元代的螺钿。用贝壳薄片制成人物、鸟兽、花草等形象嵌在雕镂或髹漆器物上的装饰，为中国传统工艺。

⑧ 螳螂腿：榻足像螳螂腿的形状，佛前的供桌多是此种样式。

短榻

高尺许，长四尺，置之佛堂、书斋，可以习静[1]坐禅[2]，谈玄[3]挥麈[4]，更便斜倚，俗名"弥勒榻"。

几

以怪树天生屈曲若环若带之半者为之，横生三足，出自天然，摩弄滑泽，置之榻上或蒲团，可倚手顿颡[5]。又见图画中有古人架足而卧者，制亦奇古。

禅椅

以天台藤为之，或得古树根，如虬龙诘曲臃肿，槎牙[6]四出，可挂瓢笠及数珠[7]、瓶钵等器，更须莹滑如玉，不露斧斤者为佳。近见有以五色芝粘其上者，颇为添足。

天然几

以文木如花梨、铁梨、香楠等木为之。第以阔大为贵，长不

---

① 习静：谓使心境沉静清澄。
② 坐禅：佛教指静坐悟禅理。
③ 谈玄：谈论玄理。
④ 挥麈：挥麈尾以为谈助，借指谈论。
⑤ 顿颡：用手托住额头。颡，额。
⑥ 槎牙：亦作"槎丫""杈丫"。歧出貌。
⑦ 数珠：亦称"念珠"。佛教信徒念诵佛经时用以计数的用具。

可过八尺，厚不可过五寸，飞角处不可太尖，须平圆，乃古式。照倭几下有拖尾者，更奇，不可用四足如书桌式。或以古树根承之，不则用木，如台面阔厚者，空其中，略雕云头、如意之类。不可雕龙凤、花草诸俗式。近时所制，狭而长者，最可厌。

书桌

书桌中心取阔大，四周镶边，阔仅半寸许，足稍矮而细，则其制自古。凡狭长混角①诸俗式，俱不可用，漆者尤俗。

壁桌 ②

长短不拘，但不可过阔，飞云、起角、螳螂足诸式，俱可供佛，或用大理及祁阳石镶者，出旧制，亦可。

方桌

旧漆者最多，须取极方大古朴，列坐可十数人者，以供展玩书画。若近制八仙等式，仅可供宴集，非雅器也。燕几别有谱图。

台几

倭人所制，种类大小不一，俱极古雅精丽，有镀金镶四角

---

① 混角：即圆角。
② 壁桌：即靠墙壁安放的桌子，以供佛和陈设用。

者，有嵌金银片者，有暗花者，价俱甚贵。近时仿旧式为之，亦有佳者，以置尊彝①之属，最古。若红漆狭小三角诸式，俱不可用。

椅

椅之制最多，曾见元螺钿椅，大可容二人，其制最古；乌木镶大理石者，最称贵重，然亦须照古式为之。总之，宜矮不宜高，宜阔不宜狭，其折叠单靠、吴江竹椅、专诸禅椅诸俗式，断不可用。踏足处，须以竹镶之，庶历久不坏。

杌②

有二式，方者四面平等，长者亦可容二人并坐。圆杌须大，四足壸出③，古亦有螺钿朱黑漆者，竹杌及绦环诸俗式，不可用。

凳

凳亦用狭边厢④者为雅，以川柏⑤为心，以乌木厢之，最古。不则竟用杂木，黑漆者亦可用。

---

① 尊彝：尊、彝均为古酒器名，常连用。泛指祭祀的礼器。
② 杌：即凳子。
③ 壸出：向外旁出。壸，旁也。
④ 厢：此处为"镶"之意。
⑤ 川柏：即柏木。常绿乔木，木材淡黄褐色、细致、有芳香，供建筑、家具等用材。

交床①

即古胡床之式，两都有嵌银、银铰钉圆木者，携以山游，或舟中用之，最便。金漆折叠者，俗不堪用。

橱

藏书橱须可容万卷，愈阔愈古，惟深仅可容一册。即阔至丈余，门必用二扇，不可用四及六。小橱以有座者为雅，四足者差俗，即用足，亦必高尺余。下用橱殿，仅宜二尺，不则两橱叠置矣。橱殿以空如一架者为雅。小橱有方二尺余者，以置古铜玉小器为宜。大者用杉木为之，可辟蠹②，小者以湘妃竹及豆瓣楠、赤水、椤木为古。黑漆断纹者为甲品，杂木亦俱可用，但式贵去俗耳。铰钉忌用白铜，以紫铜照旧式，两头尖如梭子，不用钉钉者为佳。竹橱及小木直楞③，一则市肆中物，一则药室中物，俱不可用。小者有内府填漆④，有日本所制，皆奇品也。经橱用朱漆，式稍方，以经册多长耳。

---

① 交床：即胡床。坐具。腿交叉，能折叠。
② 蠹：即蠹鱼，亦称"衣鱼"。古称"蟫"。蛀蚀书籍衣服等物的小虫。
③ 小木直楞：即小木架。
④ 填漆：一种漆器制作方法。

架

书架有大小二式，大者高七尺余，阔倍之。上设十二格，每格仅可容书十册，以便检取；下格不可置书，以近地卑湿故也。足亦当稍高，小者可置几上。二格平头，方木、竹架及朱黑漆者，俱不堪用。

床

以宋、元断纹小漆床为第一，次则内府所制独眠床，又次则小木出高手匠作者，亦自可用。永嘉①、粤东②有折叠者，舟中携置亦便。若竹床及飘檐③、拔步、彩漆、卍字、回纹等式，俱俗。近有以柏木砍细如竹者，甚精，宜闺阁及小斋中。

箱

倭箱黑漆嵌金银片，大者盈尺，其铰钉锁钥，俱奇巧绝伦，以置古玉重器或晋、唐小卷最宜。又有一种差大，式亦古雅，作方胜、缨络④等花者，其轻如纸，亦可置卷轴、香药、杂玩，斋中宜多畜以备用。又有一种古断纹者，上圆下方，乃古人经箱，以置佛坐⑤间，亦不俗。

---

① 永嘉：县名。在浙江省东南部、瓯江下游，楠溪江纵贯。属温州市。

② 粤东：广东省的别称。

③ 飘檐：指床外踏步架像屋子一样，屋上的檐称为"飘檐"。

④ 缨络：亦作"璎珞"。用线缕珠宝结成的装饰品。

⑤ 坐：同"座"。

［元］刘贯道《消夏图》（局部）

083

屏

屏风①之制最古，以大理石镶下座、精细者为贵，次则祁阳石，又次则花蕊石。不得旧者，亦须仿旧式为之。若纸糊及围屏、木屏，俱不入品。

脚凳

以木制滚凳，长二尺，阔六寸，高如常式。中分一铛，内二空，中车圆木二根，两头留轴转动，以脚踹轴，滚动往来，盖涌泉穴②精气所生，以运动为妙。竹踏凳方而大者，亦可用。古琴砖③有狭小者，夏月用作踏凳，其凉。

---

① 屏风：室内挡风或作为障蔽的用具。有的单扇，有的多扇相连，可以折叠。

② 涌泉穴：穴位名。位于足底，当卷足趾时呈凹陷处。

③ 琴砖：亦名"空心砖"，明代人认为空心砖因是空心的，轻轻敲击，磬然有声，可与琴声产生共鸣，从而使得琴声更加婉转，故用此砖来放置古琴，空心砖因此得名为琴砖。

卷七　器具

古人制器尚用，不惜所费。故制作极备，非若后人苟且。上至钟、鼎、刀、剑、盘、匜①之属，下至隃糜②、侧理③，皆以精良为乐，匪徒铭金石、尚款识④而已。今人见闻不广，又习见时世所尚，逐致雅俗莫辨。更有专事绚丽，目不识古，轩窗几案，毫无韵物，而侈言陈设，未之敢轻许也。志《器具第七》。

香垆⑤

三代、秦、汉鼎彝，及官、哥、定窑、龙泉、宣窑，皆以备赏鉴，非日用所宜。惟宣铜彝垆稍大者，最为适用。宋姜铸亦可，惟不可用神垆、太乙及鎏金白铜双鱼、象鬲⑥之类。尤忌者，云间⑦、潘铜、胡铜所铸八吉祥、倭景、百钉诸俗式，及新制建窑、五色花窑等垆。又古青绿博山亦可间用。木鼎可置山中，石鼎惟以供佛，余俱不入品。古人鼎彝，俱有底盖，今人以

---

① 匜：中国古代盥器。青铜制。形如瓢，有足或圈足，并有流、鋬。贵族盥洗时与盘合用。

② 隃糜：墨名。本为古县名，西汉置。治今陕西千阳东。以产墨著名，后世因以为墨的代称。

③ 侧理：侧理纸，亦作"陟厘"。即苔纸。

④ 款识：《辍耕录》记载："'款'谓阴字，是凹入者，刻划成之；'识'谓阳字，是挺出者"。此处指题字、款识或附识。

⑤ 垆：通"炉"。

⑥ 象鬲：象形的无足炊器。在古时盛馔用鼎，常饪用鬲。

⑦ 云间：古华亭（今上海市松江区）、松江府的别称。因西晋文学家陆云字士龙，家在华亭，对客自称"云间陆士龙"而得名。

木为之，乌木者最上，紫檀、花梨俱可，忌菱花、葵花诸俗式。炉顶以宋玉帽顶及角端①、海兽诸样，随炉大小配之，玛瑙、水晶之属，旧者亦可用。

香合②

宋剔合，色如珊瑚者为上，古有一剑环、二花草、三人物之说，又有五色漆胎，刻法深浅，随妆露色，如红花绿叶、黄心黑石者次之。有倭合③三子、五子④者，有倭撞金银片者，有果园厂⑤大小二种，底盖各置一厂，花色不等，故以一合⑥为贵。有内府填漆合，俱可用。小者有定窑、饶窑蔗假、串铃二式，余不入品。尤忌描金及书金字，徽人剔漆并磁⑦合，即宣成、嘉隆等窑，俱不可用。

袖炉

熏衣炙手，袖炉最不可少。以倭制漏空罩盖漆鼓为上，新制

---

① 角端：兽名。
② 香合："合"通"盒"。盘类。器物的底和盖相合，以用来装物品，称为"盒"。
③ 倭合：指日本漆盒。
④ 三子、五子：所谓几子，是指盒内拼成的若干个小格子。
⑤ 果园厂：明代永乐年间北京出现的宫廷漆器作坊。专制宫廷用漆器，制品主要有雕漆、填漆。
⑥ 一合：即盒的底和盖子花色合为一体。
⑦ 磁：旧同"瓷"。

轻重方圆二式，俱俗制也。

手炉

以古铜青绿大盆及簠簋①之属为之，宣铜兽头三脚鼓炉亦可用，惟不可用黄白铜及紫檀、花梨等架。脚炉旧铸有俯仰莲坐细钱纹者；有形如匣者，最雅。被炉有香球等式，俱俗，竟废不用。

香筒②

旧者有李文甫所制，中雕花鸟竹石，略以古简为贵。若太涉脂粉，或雕镂故事人物，便称俗品，亦不必置怀袖间。

笔格③

笔格虽为古制，然既用研山，如灵壁、英石，峰峦起伏，不露斧凿者为之，此式可废。古玉有山形者，有旧玉子母猫，长六七寸，白玉为母，余取玉玷或纯黄、纯黑玳瑁④之类为子者。古铜有鏒金双螭挽格⑤，有十二峰为格，有单螭起伏为格。窑器有白定三

---

① 簠簋：都是古代食器，亦用以放祭品。
② 香筒：用来插香的筒。
③ 笔格：即笔架，用来架笔的工具。
④ 玳瑁：爬行纲，海龟科。背甲棕褐色，具褐色和淡黄色相间的花纹。
⑤ 双螭挽格：两螭相挽成格。

山、五山及卧花哇①者，俱藏以供玩，不必置几研间。俗子有以老树根枝蟠曲万状，或为龙形，爪牙俱备者，此俱最忌，不可用。

笔床

笔床之制，世不多见。有古鎏金者，长六七寸，高寸二分，阔二寸余，上可卧笔四矢，然形如一架，最不美观，即旧式，可废也。

笔筒

湘竹、栟榈者佳，毛竹以古铜镶者为雅，紫檀、乌木、花梨亦间可用，忌八棱菱花式。陶者有古白定竹节者，最贵，然艰得大者。冬青磁细花及宣窑者，俱可用。又有鼓样，中有孔插笔及墨者，虽旧物，亦不雅观。

笔船

紫檀、乌木细镶竹篾者可用，惟不可以牙、玉为之。

笔洗

玉者，有钵盂洗、长方洗、玉环洗。古铜者，有古鎏金小洗，有青绿小盂，有小釜、小卮、小匜，此五物原非笔洗，今用

---

① 哇：通"娃"。

［五代］周文矩《文苑图》（局部）

作洗最佳。陶者，有官、哥葵花洗，磬口洗，四卷荷叶洗，卷口蔗段洗。龙泉，有双鱼洗、菊花洗、百折洗。定窑，有三箍洗、梅花洗、方池洗。宣窑，有鱼藻洗、葵瓣洗、磬口洗、鼓样洗，俱可用。忌绦环①及青白相间诸式，又有中盏作洗，边盘作笔觇者，此不可用。

笔觇

定窑、龙泉小浅碟俱佳。水晶、琉璃诸式，俱不雅。有玉碾片叶为之者，尤俗。

镇纸

玉者有古玉兔、玉牛、玉马、玉鹿、玉羊、玉蟾蜍、蹲虎、辟邪、子母螭②诸式，最古雅。铜者有青绿虾蟆、蹲虎、蹲螭、眠犬、鎏金辟邪、卧马、龟、龙，亦可用。其玛瑙、水晶，官、哥、定窑，俱非雅器。宣铜马、牛、猫、犬、狻猊③之属，亦有绝佳者。

---

① 绦环：用丝绳围成一个环。
② 子母螭：大小两螭。
③ 狻猊：古代传说中的一种猛兽。

剪刀

有宾铁^①剪刀，外面起花镀金，内嵌回回字者，制作极巧。倭制折叠者，亦可用。

书灯

有古铜驼灯、羊灯、龟灯、诸葛灯，俱可供玩，而不适用。有青绿铜荷一片檠^②，架花朵于上，古人取金莲之意，今用以为灯，最雅。定窑三台、宣窑二台者，俱不堪用。锡者^③取旧制古朴矮小者为佳。

灯

闽中珠灯第一，玳瑁、琥珀、鱼魫^④次之，羊皮灯名手如赵虎所画者，亦当多蓄。料丝^⑤出滇中者最胜；丹阳所制有横光，不甚雅；至如山东珠、麦、柴、梅、李、花草、百鸟、百兽、夹纱、墨纱等制，俱不入品。灯样以四方如屏，中穿花鸟，清雅如画者为佳；人物、楼阁，仅可于羊皮屏上用之；他如蒸笼圈、水

---

① 宾铁：即镔铁，精炼的铁。

② 檠：灯架。

③ 锡者：把麻布加灰捶洗，使其洁白光滑。

④ 鱼魫：鱼魫灯，今称"明角灯"，古代灯名。以鱼脑骨架制成。

⑤ 料丝：料丝灯，彩灯名。以玛瑙、紫英石等为原料，抽丝制成。

精球、双层、三层者，俱最俗。篾丝①者虽极精工华绚，终为酸气。曾见元时布灯，最奇，亦非时尚也。

镜

秦陀②、黑漆古③、光背质厚无文者为上，水银古④、花背者次之。有如钱小镜，背满青绿，嵌金银五岳图者，可供携具。菱角、八角、有柄方镜，俗不可用。轩辕镜，其形如球，卧榻前悬挂，取以辟邪⑤，然非旧式。

钩⑥

古铜腰束绦钩，有金、银、碧填嵌者，有片金银者，有用兽为肚者，皆三代物也。也有羊头钩、螳螂捕蝉钩鏒金者，皆秦汉物也。斋中多设，以备悬壁挂画及拂尘⑦、羽扇等用，最雅。自寸以至盈尺，皆可用。

---

① 篾丝：把竹子劈开所做的丝。
② 秦陀：即秦图。指雕饰有秦代图形的古镜。
③ 黑漆古：即黑漆色古铜。
④ 水银古：即银色古铜。
⑤ 辟邪：避除邪祟。
⑥ 钩：带钩。挂在腰间带子上的钩。
⑦ 拂尘：用麈尾或马尾做成的拂除尘埃的器具。

束腰[1]

汉钩、汉珏仅二寸余者，用以束腰，甚便。稍大，则便入玩器，不可日用。绦用沉香、真紫，余俱非所宜。

禅灯

禅灯，高丽者佳。有月灯，其光白莹如初月；有日灯，得火内照，一室皆红，小者尤可爱。高丽有俯仰莲、三足铜炉，原以置此，今不可得，别作小架架之，不可制如角灯之式。

如意[2]

古人用以指挥向往，或防不测，故炼铁为之，非直美观而已。得旧铁如意，上有金银错，或隐或见，古色蒙然者，最佳。至如天生树枝、竹鞭等制，皆废物也。

麈

古人用以清谈，今若对客挥麈，便见之欲呕矣。然斋中悬挂壁上，以备一种。有旧玉柄者，其拂以白尾及青丝为之，雅。若天生竹鞭、万岁藤，虽玲珑透漏，俱不可用。

---

① 束腰：即腰带。
② 如意：器物名。用竹、玉、骨等制成，头作灵芝或云叶形，柄微曲。供搔背或赏玩等用。

钱

钱之为式甚多，详具《钱谱》①。有金嵌青绿刀钱，可为签，如《博古图》等书，成大套者用之。鹅眼②货布③，可挂杖头。

瓢

得小匾葫芦，大不过四五寸，而小者半之，以水磨其中、布擦其外，光彩莹洁，水湿不变，尘污不染，用以悬挂杖头及树根禅椅④之上，俱可。更有二瓢并生者，有可为冠者，俱雅。其长腰、鹭鸶、曲项，俱不可用。

钵⑤

取深山巨竹根，车旋为钵，上刻铭字或梵书，或《五岳图》，填以石青，光洁可爱。

---

① 《钱谱》：书名。研究中国历代钱币的著作。今存《钱谱》一卷，传为明代董遹所著。
② 鹅眼：即鹅眼钱，恶钱的一种。"鹅眼"形容其小。
③ 货布：西汉末年王莽时货币名。
④ 树根禅椅：用树根所做的坐禅用的椅子。
⑤ 钵：僧徒食器。钵多罗的略称。

花瓶

古铜入十年久，受十气深，以之养花，花色鲜明，不特古色可玩而已。铜器可插花者，曰尊，曰罍，曰觚，曰壶，随花大小用之。磁器用官、哥、定窑古胆瓶，一枝瓶，小蓍草瓶，纸槌瓶，余如暗花、青花、茄袋、葫芦、细口、匾肚、瘦足、药坛及新铸铜瓶、建窑等瓶，俱不入清供。尤不可用者，鹅颈壁瓶也。古铜汉方瓶，龙泉、均州瓶，有极大高二三尺者，以插古梅，最相称。瓶中俱用锡作替管①盛水，可免破裂之患。大都瓶宁瘦，无过壮，宁大，无过小，高可一尺五寸，低不过一尺，乃佳。

杖

鸠杖最古，盖老人多"咽"②，鸠能治"咽"故也。有三代立鸠、飞鸠杖头，周身金银填嵌者，饰于方竹、笻竹、万岁藤之上，最古。杖须长七尺余，摩弄滑泽，乃佳。天台藤更有自然屈曲者，一作龙头诸式，断不可用。

数珠

以金刚子小而花细者为贵，以宋做玉降魔杵、玉五供养为记总。他如人顶、龙充、珠玉、玛瑙、琥珀、金珀、水晶、珊瑚、

---

① 替管：用来盛水的器具。

② 咽：噎食。

车渠①者，俱俗。沉香、伽南香者则可。尤忌杭州小菩提子，及灌香于内者。

扇　扇坠

羽扇最古，然得古团扇雕漆柄为之，乃佳。他如竹篾、纸糊、竹根、紫檀柄者，俱俗。又今之折叠扇，古称"聚头扇"，乃日本所进，彼国今尚有绝佳者，展之盈尺，合之仅两指许，所画多作仕女、乘车、跨马、踏青、拾翠之状，又以金银屑饰地面，及作星汉②人物，粗有形似，其所染青绿奇甚，专以空青、海绿为之，真奇物也。川中蜀府制以进御，有金铰藤骨，面薄如轻绡者，最为贵重。内府别有彩画、五毒、百鹤鹿、百福寿等式，差俗，然亦华绚可观。徽、杭亦有稍轻雅者。姑苏最重书画扇，其骨以白竹、棕竹、乌木、紫白檀、湘妃、眉绿等为之，间有用牙及玳瑁者，有员头、直根、绦环、结子、板板花诸式，素白金面，购求名笔图写，佳者价绝高。其匠作则有李昭、李赞、马勋、蒋三、柳玉台、沈少楼诸人，皆高手也。纸敝墨渝，不堪怀袖，别装卷册以供玩，相沿既久，习以成风，至称为姑苏人事，然实俗制，不如川扇适用耳。扇坠夏月用伽楠、沉香为之，汉玉小玦及琥珀眼掠皆可，香串、缅茄之属，断不可用。

---

① 车渠：即"砗磲"，石之次玉者。
② 星汉：即银河。

枕

有"书枕"，用纸三大卷，状如碗，品字相叠，束缚成枕。有"旧窑枕"，长二尺五寸，阔六寸者，可用。长一尺者，谓之"尸枕"，乃古墓中物，不可用也。

簟

茭葦①出满喇伽国，生于海之洲渚岸边，叶性柔软，织为细簟，冬月用之，愈觉温暖，夏则蕲州之竹簟最佳。

琴

琴为古乐，虽不能操，亦须壁悬一床。以古琴历年既久，漆光退尽，纹如梅花，黯如乌木，弹之声不沉者为贵。琴轸②，犀角、象牙者雅。以蚌珠为徽③，不贵金玉。弦用白色柘丝④，古人虽有朱弦清越等语，不如素质⑤有天然之妙。唐有雷文、张越；宋有施木舟；元有朱致远；国朝有惠祥、高腾、祝海鹤及樊氏、路氏，皆造琴高手也。挂琴不可近风露日色，琴囊须以旧锦为之，轸上不可用红绿流苏，抱琴勿横，夏月弹琴，但宜早晚，

---

① 茭葦：草席名。

② 琴轸：琴下的转弦谓"琴轸"。

③ 徽：指琴面指示音节的标识。

④ 柘丝：吃食柘叶的柘蚕所吐的丝。

⑤ 素质：白色的质地。

［宋］赵佶《听琴图》（局部）

午则汗易污，且太燥，脆弦。

琴台

以河南郑州所造古郭公砖，上有方胜及象眼花者，以作琴台，取其中空发响，然此实宜置盆景及古石。当更制一小几，长过琴一尺，高二尺八寸，阔容三琴者为雅。坐用胡床，两手更便运动，须比他坐稍高，则手不费力。更有紫檀为边，以锡为池，水晶为面者，于台中置水蓄鱼藻，实俗制也。

研①

研以端溪为上，出广东肇庆府，有新旧坑、上下岩之辨，石色深紫，衬手而润，叩之清远，有重晕、青绿、小鹦鹆眼者为贵。其次色赤，呵之乃润。更有纹慢而大者，乃"西坑石"，不甚贵也。又有天生石子，温润如玉，摩之无声，发墨②而不坏笔，真稀世之珍。有无眼而佳者，若白端、青绿端，非眼不辨。黑端出湖广辰、沅二州，亦有小眼，但石质粗燥，非端石也。更有一种出婺源歙山、龙尾溪，亦有新旧二坑，南唐时开，至北宋已取尽，故旧砚非宋者，皆此石。石有金银星，及罗纹、刷丝、眉子，青黑者尤贵。黎溪石出湖广常德、辰州二界，石色淡青，

---

① 研：汉代刘熙《释名》中载："砚者，研也，可研墨使和濡也。"
② 发墨：磨墨时发涩不滑，磨出的墨汁很光亮。

内深紫，有金线及黄脉，俗所谓"紫袍""金带"者是。洮溪研出陕西临洮府河中，石绿色，润如玉。衢研出衢州开化县，有极大者，色黑。熟铁研出青州，古瓦研出相州，澄泥研出虢州。研之样制不一，宋时进御有玉台、凤池、玉环、玉堂诸式，今所称"贡研"，世绝重之。以高七寸、阔四寸、下可容一拳者为贵，不知此特进奉一种，其制最俗。余所见宣和旧研有绝大者，有小八棱者，皆古雅浑朴。别有圆池、东坡瓢形、斧形、端明诸式，皆可用。葫芦样稍俗，至如雕镂二十八宿①、鸟、兽、龟、龙、天马，及以眼为七星形，剥落研质，嵌古铜玉器于中，皆入恶道。研须日涤，去其积墨败水，则墨光莹泽，惟研池边斑驳墨迹，久浸不浮者，名曰"墨锈"，不可磨去。研，用则贮水，毕则干之。涤研用莲房壳，去垢起滞，又不伤研。大忌滚水磨墨，茶酒俱不可，尤不宜令顽童持洗。研匣宜用紫黑二漆，不可用五金，盖金能燥石。至如紫檀、乌木，及雕红、彩漆，俱俗，不可用。

笔

"尖""齐""圆""健"，笔之四德。盖毫坚则"尖"；毫多则"齐"；用苘②贴衬得法，则毫束而"圆"；用纯毫附以香

---

① 二十八宿：亦称"二十八舍""二十八星"。中国古代选作观测日、月、五星在星空中的运行及其他天象的相对标志。
② 苘：即苘麻。亦称"青麻"。一年生草本。

狸①、角水②得法，则用久而"健"。此制笔之诀也。古有金银管、象管、玳瑁管、玻璃管、镂金、绿沈管③，近有紫檀、雕花诸管，俱俗不可用，惟斑管④最雅，不则竟用白竹。寻丈书笔，以木为管，亦俗。当以笻竹为之，盖竹细而节大，易于把握。笔头式须如尖笋，细腰、葫芦诸样，仅可作小书，然亦时制也。画笔，杭州者佳。古人用笔洗，盖书后即涤去滞墨，毫坚不脱，可耐久。笔败则瘗⑤之，故云"败笔成冢"，非虚语也。

墨

墨之妙用，质取其轻，烟取其清，嗅之无香，磨之无声，若晋、唐、宋、元书画，皆传数百年，墨色如漆，神气完好，此佳墨之效也。故用墨必择精品，且日置几案间，即样制亦须近雅，如朝官、魁星、宝瓶、墨玦诸式，即佳亦不可用。宣德墨最精，几与宣和内府所制同，当蓄以供玩，或以临摹古书画，盖胶色已退尽，惟存墨光耳。唐以奚廷珪⑥为第一，张遇⑦第二。廷珪至

---

① 香狸：亦称"灵猫"。大灵猫雄兽分泌的油质液体称"灵猫香"，可作香料或供药用。
② 角水：即胶水。
③ 绿沈管：即深绿色的笔杆。管，笔杆。
④ 斑管：即用斑竹制成的笔杆。
⑤ 瘗：埋；埋葬。
⑥ 奚廷珪：即李廷珪，唐代墨工。其所制的墨被称为"李廷珪墨"。
⑦ 张遇：唐代墨工。

赐国姓，今其墨几与珍宝同价。

纸

古人杀青为书，后乃用纸。北纸用横帘[1]造，其纹横，其质松而厚，谓之"侧理"；南纸用竖帘[2]，二王真迹，多是此纸。唐人有硬黄纸，以黄蘗染成，取其辟蠹。蜀妓薛涛[3]为纸，名"十色小笺"，又名"蜀笺"。宋有澄心堂纸，有黄白经笺，可揭开用；有碧云春树、龙凤、团花、金花等笺；有匹纸长三丈至五丈；有彩色粉笺及藤白、鹄白、蚕茧等纸。元有彩色粉笺、蜡笺、黄笺、花笺、罗纹笺，皆出绍兴；有白箓、观音、清江等纸，皆出江西。山斋俱当多蓄以备用。国朝连七、观音、奏本、榜纸，俱不佳。惟大内用细密洒金五色粉笺，坚厚如板，面砑光如白玉，有印金花五色笺，有青纸如段素，俱可宝。近吴中洒金纸、松江潭笺，俱不耐久，泾县连四最佳。高丽别有一种，以绵茧造成，色白如绫，坚韧如帛，用以书写，发墨可爱，此中国所无，亦奇品也。

剑

今无剑客，故世少名剑，即铸剑之法亦不传。古剑铜铁互

---

① 横帘：即横式帘，供荡料及压纸用。
② 竖帘：即竖式帘，供荡料及压纸用。
③ 薛涛：唐代女诗人。幼时随父入蜀。后为乐妓。创制深红小笺写诗，人称薛涛笺。

用，陶弘景①《刀剑录》所载有"屈之如钩，纵之直如弦，铿然有声者"，皆目所未见。近时莫如倭奴所铸，青光射人。曾见古铜剑，青绿四裹者，蓄之，亦可爱玩。

印章

以青田石莹洁如玉、照之灿若灯辉者为雅。然古人实不重此，五金、牙、玊、水晶、木、石皆可为之，惟陶印则断不可用，即官、哥、冬青等窑，皆非雅器也。古鋄金、镀金、细错金银、商金、青绿、金、玉、玛瑙等印，篆刻精古，钮②式奇巧者，皆当多蓄，以供赏鉴。印池以官、哥窑方者为贵，定窑及八角、委角者次之，青花白地、有盖、长样俱俗。近做周身连盖滚螭白玉印池，虽工致绝伦，然不入品。所见有三代玉方池，内外土锈血侵，不知何用，令以为印池，甚古，然不宜日用，仅可备文具一种。图书匣以豆瓣楠、赤水、椤为之，方样套盖，不则退光素漆者亦可用，他如剔漆、填漆、紫檀镶嵌古玉及毛竹、攒竹者，俱不雅观。

---

① 陶弘景：南朝齐梁时道教思想家、医学家。字通明，自号华阳隐居，丹阳秣陵（今南京）人。
② 钮：印鼻，印章上端的雕饰。古代用以分别官印的等级。

［明］许光祚《兰亭图并书序》（局部）

文具①

文具虽时尚，然出古名匠手，亦有绝佳者。以豆瓣楠、瘿木及赤水、椤为雅，他如紫檀、花梨等木，皆俗。三格一替②，替中置小端砚一，笔觇一，书册一，小砚山一，宣德墨一，倭漆墨匣一。首格置玉秘阁一，古玉或铜镇纸一，宾铁古刀大小各一，古玉柄棕帚一，笔船一，高丽笔二枝。次格古铜水盂一，糊斗、蜡斗各一，古铜水杓一，青绿鎏金小洗一。下格稍高，置小宣铜彝炉一，宋剔合一，倭漆小撞③、白定或五色定小合各一，矮小花尊或小觯一，图书匣一，中藏古玉印池、古玉印、鎏金印绝佳者数方，倭漆小梳匣一，中置玳瑁小梳及古玉盘匜等器，古犀玉小杯二，他如古玩中有精雅者，皆可入之，以供玩赏。

梳具

以瘿木为之，或日本所制，其缠丝④、竹丝、螺钿、雕漆、紫檀等，俱不可用。中置玳瑁梳、玉剔帚、玉缸、玉合之类，即非秦、汉间物，亦以稍旧者为佳。若使新俗诸式阑入⑤，便非韵士所宜用矣。

---

① 文具：收纳文事用品的器具。
② 替：通"屉"。器物的隔层。
③ 倭漆小撞：即日本的漆提盒。
④ 缠丝：红白相间的玛瑙。
⑤ 阑入：妄入；擅自闯入。

卷八　衣饰

衣冠制度，必与时宜，吾侪既不能披鹑①带索②，又不当缀玉垂珠，要须夏葛、冬裘，被服娴雅，居城市有儒者之风，入山林有隐逸之象，若徒染五采③，饰文缋④，与铜山金穴⑤之子侈靡斗丽，亦岂诗人粲粲⑥衣服之旨乎？至于蝉冠⑦朱衣，方心曲领，玉珮朱履之为"汉服"也，幞头⑧大袍之为"隋服"也，纱帽圆领之为"唐服"也，檐帽襕衫⑨、申衣⑩幅巾之为"宋服"也，巾环⑪襆领⑫、帽子系腰之为"金元服"也，方巾团领之为"国朝服"也。皆历代之制，非所敢轻议也。志《衣饰第八》。

道服

制如申衣，以白布为之，四边延以缁色布⑬，或用茶褐为

---

① 披鹑：穿着打补丁的衣服。
② 带索：以草索作为衣带。
③ 五采：采，通"彩"。谓青、黄、赤、白、黑五色。古以此五色为正色。
④ 文缋：文通"纹"，缋通"绘"。文缋，即花纹图画。
⑤ 金穴：比喻富贵极盛的人家。
⑥ 粲粲：鲜明的样子。
⑦ 蝉冠：即汉代侍从官所戴的冠。
⑧ 幞头：即头巾。
⑨ 襕衫：亦作"襕衫""蓝衫"。古时儒生的服装。
⑩ 申衣：即深衣。古代诸侯、大夫、士平时闲居所穿的衣服。上衣和下裳相连。
⑪ 巾环：巾上所系的环。
⑫ 襆领：滚领。
⑬ 缁色布：即黑色的布。

袍，缘以皂布①。有月衣②，铺地如月，披之则如鹤氅③，二者用以坐禅策蹇④，披雪避寒，俱不可少。

禅衣

以洒海剌⑤为之，俗名"琐哈剌"，盖番语⑥不易辨也。其形似胡羊⑦毛片，缕缕下垂，紧厚如毡⑧，其用耐久，来自西域，闻彼中亦甚贵。

被

以五色氆氇⑨为之，亦出西蕃⑩，阔仅尺许，与琐哈剌相类，但不紧厚。次用山东茧绸，最耐久，其落花流水、紫、白等锦，皆以美观，不甚雅。以真紫花布为大被，严寒用之，有画百蝶于上，称为"蝶梦"者，亦俗。古人用芦花为被，今却无此制。

---

① 皂布：黑布。
② 月衣：月形衣服，就是近代的披风。
③ 鹤氅：鸟羽所制的裘。
④ 策蹇：策马前行。
⑤ 洒海剌：波斯语音译词，古时西域所产的一种绒毛织物。
⑥ 番语：即外国语言。
⑦ 胡羊：即绵羊。
⑧ 毡：羊毛或其他动物毛在湿热状态下，通过手工或机械挤压等作用毡缩而成的片状材料。
⑨ 氆氇：即氆氇，西域以羊毛织成的呢绒。
⑩ 西蕃：《明史》西蕃诸卫指甘、青一带藏族聚居区诸卫。

［明］丁云鹏《白马驮经图》（局部）

褥

京师有折叠卧褥，形如围屏，展之盈丈，收之仅二尺许，厚三四寸，以锦为之，中实以灯心，最雅。其椅榻等褥，皆用古锦为之。锦既敝，可以装潢卷册。

绒单

出陕西、甘肃，红者色如珊瑚，然非幽斋所宜，本色者最雅，冬月可以代席。狐腋、貂褥不易得，此亦可当温柔乡矣。毡者不堪用，青毡用以衬书大字。

帐

冬月以茧绸或紫花厚布为之，纸帐与绸绢等帐俱俗，锦帐、帕帐俱闺阁中物。夏月以蕉布为之，然不易得。吴中青撬纱及花手巾制帐亦可。有以画绢为之，有写山水墨梅于上者，此皆欲雅反俗。更有作大帐，号为"漫天帐"，夏月坐卧其中，置几榻橱架等物，虽适意，亦不古。寒月，小斋中制布帐于窗槛之上，青紫二色可用。

冠

铁冠最古，犀玉、琥珀次之，沉香、葫芦者又次之，竹箨①、瘿木者最下。制惟偃月②、高士二式，余非所宜。

巾

汉巾去唐式不远，今所尚披云巾最俗，或自以意为之，幅巾最古，然不便于用。

笠

细藤者佳，方广二尺四寸，以皂绢缀檐③，山行以遮风日。又有叶笠、羽笠，此皆方物，非可常用。

履

冬月秧履最适，且可暖足。夏月棕鞋惟温州者佳，若方舄等样制作不俗者，皆可为济胜之具④。

---

① 竹箨：竹笋壳。
② 偃月：半月形。
③ 缀檐：用材料缝制边缘。
④ 济胜之具：游览所用的交通工具。

［明］曾鲸《张卿子像》（局部）

［明］唐寅《王蜀宫妓图》(局部)

卷九　舟车

舟之习于水也，弘舸连轴[1]，巨舰接舻[2]，既非素士[3]所能办；蜻蛉蚱蜢，不堪起居。要使轩窗阑[4]槛[5]，俨若精舍，室陈厦飨[6]，靡不咸宜。用之祖远饯近[7]，以畅离情；用之登山临水，以宣幽思；用之访雪载月，以写高韵。或芳辰缀赏，或艳女采莲，或子夜清声，或中流歌舞，皆人生适意之一端也。至如济胜之具，篮舆[8]最便，但使制度新雅，便堪登高涉远。宁必饰以珠玉，错以金贝，被以缋罽[9]，藉以簟莩[10]，缕以钩膺，文以轮辕，鞠以鞗革[11]，和以鸣鸾，乃称周行、鲁道哉？志《舟车第九》。

巾车

今之肩舆[12]，即古之巾车也。第古用牛马，今用人车，实非雅士所宜。出闽、广者精丽，且轻便；楚中有以藤为扛者，亦佳；近金陵所制缠藤者，颇俗。

---

[1] 弘舸连轴：大船船头船尾相连。

[2] 舻：船尾。

[3] 素士：文人儒士。

[4] 阑：通"栏"，栏杆。

[5] 槛：门下的横木，即门槛。

[6] 室陈厦飨：舱内陈设，舱外宴饮。

[7] 祖远饯近：即饯行送别。

[8] 篮舆：竹轿。

[9] 缋罽：即有彩画的毛毯。

[10] 簟莩：车上用作遮蔽的竹席。

[11] 鞗革：马络头的下垂装饰。鞗，皮革所制的马缰绳。

[12] 肩舆：亦称"平肩舆"。轿子。

篮舆

山行无济胜之具，则篮舆似不可少。武林①所制，有坐身踏足处，俱以绳络者，上下峻坂②皆平，最为适意，惟不能避风雨。有上置一架，可张小幔者，亦不雅观。

舟

舟，形如划船，底惟平，长可三丈有余，头阔五尺，分为四仓。中仓可容宾主六人，置桌凳、笔床、酒枪、鼎彝、盆玩之属，以轻小为贵。前仓可容僮仆四人，置壶榼③、茗垆、茶具之属。后仓隔之以板，傍容小弄，以便出入。中置一榻，一小几。小厨上以板承之，可置书卷、笔砚之属。榻下可置衣厢、虎子之属。幔以板，不以篷簟，两傍不用栏楯，以布绢作帐，用蔽东西日色，无日则高卷，卷以带，不以钩。他如楼船、方舟诸式，皆俗。

小船

长丈余，阔三尺许，置于池塘中。或时鼓枻中流；或时系于柳阴曲岸，执竿把钓，弄月吟风。以蓝布作一长幔。两边走檐，前以二竹为柱。后缚船尾钉两圈处，一童子刺之。

---

① 武林：旧对杭州的别称，以武林山得名。
② 峻坂：陡峻的山坡。
③ 壶榼：即酒壶。

潯陽未必是天涯　兩岸
風清蘆荻花　誰走舟中
西司馬　滿江明月聽琵琶
唐寅畫

[明]唐寅《山水八段图》之一（局部）

卷十　位置

位置①之法，烦简不同，寒暑各异，高堂广榭，曲房奥室②，各有所宜，即如图书、鼎彝之属，亦须安设得所，方如图画。云林清秘，高梧古石中，仅一几一榻，令人想见其风致，真令神骨俱冷。故韵士所居，入门便有一种高雅绝俗之趣。若使前堂养鸡牧豕，而后庭侈言浇花洗石，政③不如凝尘满案，环堵④四壁，犹有一种萧寂气味耳。志《位置第十》。

坐几

天然几一，设于室中左偏东向，不可迫近窗槛，以逼风日。几上置旧研一，笔筒一，笔觇一，水中丞一，研山一。古人置研，俱在左，以墨光不闪眼，且于灯下更宜。书册、镇纸各一，时时拂拭，使其光可鉴，乃佳。

坐具

湘竹榻及禅椅皆可坐，冬月以古锦制褥，或设皋比⑤，俱可。

---

① 位置：安排；布置。
② 奥室：内室；隐秘之室。
③ 政：通"正"。
④ 环堵：方丈为堵。指四周环着每面方丈的土墙。形容居室隘陋。
⑤ 皋比：即虎皮。

椅 榻 屏 架

斋中仅可置四椅一榻，他如古须弥座、短榻、矮几、壁几之类，不妨多设。忌靠壁平设数椅，屏风仅可置一面，书架及橱俱列以置图史，然亦不宜太杂，如书肆中。

悬画

悬画宜高，斋中仅可置一轴于上，若悬两壁及左右对列，最俗。长画可挂高壁，不可用挨画竹①曲挂。画卓②可置奇石，或时花盆景之属，忌置朱红漆等架。堂中宜挂大幅横披，斋中宜小景花鸟；若单条、扇面、斗方③、挂屏之类，俱不雅观。画不对景，其言亦谬。

置瓶

随瓶制置大小倭几之上，春冬用铜，秋夏用磁。堂屋宜大，书屋宜小，贵铜瓦，贱金银，忌有环，忌成对。花宜瘦巧，不宜烦杂，若插一枝，须择枝柯奇古，二枝须高下合插，亦止可一、二种，过多便如酒肆。惟秋花插小瓶中不论。供花不可闭窗户焚香，烟触即萎，水仙尤甚，亦不可供于画卓上。

---

① 挨画竹：如果画幅过长，悬挂时用细竹横挡，并将画卷曲挂在上面一段，这种细竹被称为"挨画竹"，亦称"画竹"。
② 卓：同"桌"。
③ 斗方：一二尺见方的诗幅或书画页。亦指书画所用的方形纸张。

［清］喻兰《仕女清娱图》其一（局部）

小室

几榻俱不宜多置，但取古制狭边书几一，置于中，上设笔砚、香合、薰炉之属，俱小而雅。别设石小几一，以置茗瓯①茶具；小榻一，以供偃卧②趺坐③，不必挂画，或置古奇石，或以小佛橱供鎏金小佛于上，亦可。

卧室

地屏天花板虽俗，然卧室取干燥，用之亦可，第不可彩画及油漆耳。面南设卧榻一，榻后别留半室，人所不至，以置薰笼、衣架、盥匜④、厢奁⑤、书灯之属。榻前仅置一小几，不设一物。小方机二，小橱一，以置药、玩器。室中精洁雅素，一涉绚丽，便如闺阁中，非幽人眠云梦月所宜矣。更须穴壁一，贴为壁床，以供连床夜话，下用抽替以置履袜。庭中亦不须多植花木，第取异种宜秘惜者，置一株于中，更以灵璧、英石伴之。

---

① 茗瓯：饮茶所用的器具。

② 偃卧：仰卧。

③ 趺坐：盘腿而坐谓"趺坐"，俗称"盘坐"。

④ 盥匜：古时洗手的器具。

⑤ 厢奁：古代女子放置梳妆用品的匣子。

［明］文徵明《东园图》（局部）

亭榭

亭榭不蔽风雨，故不可用佳器，俗者又不可耐，须得旧漆、方面、粗足、古朴自然者置之。露坐，宜湖石平矮者，散置四傍，其石墩、瓦墩之属俱置不用，尤不可用朱架架官砖于上。

敞室

长夏宜敞室，尽去窗槛，前梧后竹，不见日色。列木几极长、大者于正中，两傍置长榻无屏者各一，不必挂画，盖佳画夏日易燥，且后壁洞开，亦无处宜悬挂也。北窗设湘竹榻，置簟于上，可以高卧。几上大砚一，青绿水盆一，尊彝之属，俱取大者；置建兰一二盆于几案之侧；奇峰古树，清泉白石，不妨多列；湘帘①四垂，望之如入清凉界中。

---

① 湘帘：用湘妃竹（斑竹）做的帘子。

卷十一　蔬果

田文①坐客，上客食肉，中客食鱼，下客食菜，此便开千古势利之祖。吾曹谈芝讨桂，既不能饵菊术，啖花草；乃层酒累肉，以供口食，真可谓秽吾素业。古人蘋蘩可荐，蔬笋可羞，顾山肴野蔌，须多预蓄，以供长日清谈，闲宵小饮；又如酒枪皿合，皆须古雅精洁，不可毫涉市贩屠沽气；又当多藏名酒，及山珍海错，如鹿脯、荔枝之属，庶令可口悦目，不特动指流涎而已。志《蔬果第十一》。

樱桃

樱桃古名"楔桃"，一名"朱桃"，一名"英桃"，又为鸟所含，故礼称"含桃"。盛以白盘，色味俱绝。南都②曲中有英桃脯，中置玫瑰瓣一味，亦甚佳，价甚贵。

桃李梅杏

桃易生，故谚云："白头种桃。"其种有：匾桃、墨桃、金桃、鹰嘴、脱核蟠桃，以蜜煮之，味极美。李品在桃下，有粉青、黄姑二种，别有一种，曰"嘉庆子"，味微酸。北人不辨梅、杏，熟时乃别。梅接杏而生者，曰"杏梅"。又有消梅，入口即化，脆美异常，虽果中凡品，然却睡止渴，亦自有致。

———————————————

① 田文：即"孟尝君"。战国时齐国贵族。田氏，名文。战国四公子之一。
② 南都：古城名。明代称南京为南都。

［南宋］林椿《果熟来禽图》

橘橙

橘为"木奴"，既可供食，又可获利。有绿橘、金橘、密橘、扁橘数种，皆出自洞庭[1]；别有一种小于闽中，而色味俱相似，名"漆碟红"者，更佳；出衢州者皮薄亦美，然不多得。山中人更以落地未成实者，制为橘药，醯者较胜。黄橙堪调脍，古人所谓"金齑"；若法制丁片，皆称"俗味"。

柑

柑出洞庭者，味极甘；出新庄者，无汁，以刀剖而食之。更有一种粗皮，名"蜜罗柑"，亦美。小者曰"金柑"，圆者曰"金豆"。

枇杷

枇杷独核者佳，株叶皆可爱，一名"款冬花"，荐之果奁[2]，色如黄金，味绝美。

杨梅

吴中佳果，与荔枝并擅高名，各不相下。出光福山中者，最美。彼中人以漆盘盛之，色与漆等，一斤仅二十枚，真奇味

---

① 洞庭：即洞庭湖。在湖南省北部、长江南岸。中国第二大淡水湖。
② 果奁：即果篮。

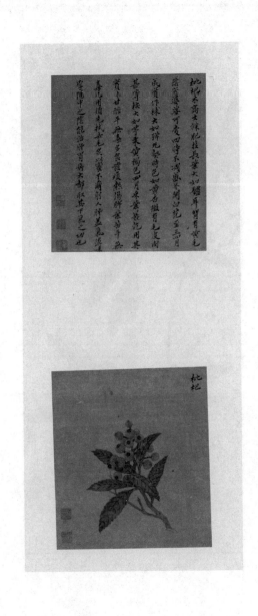

[清] 周淑禧、周淑祜合绘《花果图·枇杷》

［明］沈周《枇杷图》（局部）

也。生当暑中，不堪涉远，吴中好事家或以轻桡①邮置，或买舟就食。出他山者味酸，色亦不紫。有以烧酒浸者，色不变，而味淡；蜜渍者，色味俱恶。

葡桃②

有紫、白二种，白者曰"水晶萄"，味差，亚于紫。

荔枝

荔枝虽非吴地所种，然果中名裔，人所共爱，"红尘一骑"③，不可谓非解事④人。彼中有蜜渍者，色亦白，第壳已殷，所谓"红缯白玉肤"⑤，亦在流想间而已。龙眼称"荔枝奴"，香味不及，种类颇少，价乃更贵。

枣

枣类极多，小核色赤者，味极美。枣脯出金陵，南枣出浙中者，俱贵甚。

---

① 轻桡：小桨。借指小船。
② 葡桃：即葡萄。
③ 红尘一骑：此语出自杜牧《过华清宫绝句三首》其一："一骑红尘妃子笑，无人知是荔枝来。"指杨贵妃嗜好荔枝，派专人骑马千里将荔枝送往京城。
④ 解事：懂事。
⑤ 红缯白玉肤：指荔枝壳红肉白。

［明］徐渭《水墨葡萄图》（局部）

生梨

梨有二种：花瓣圆而舒者，其果甘；缺而皱者，其果酸，亦易辨。出山东，有大如瓜者，味绝脆，入口即化，能消痰疾。

栗

杜甫寓①蜀，采栗自给，山家御穷，莫此为愈。出吴中诸山者绝小，风干，味更美；出吴兴者，从溪水中出，易坏，煨熟乃佳。以橄榄同食，名为"梅花脯"，谓其口味作梅花香，然实不尽然也。

柿

柿有七绝：一寿，二多阴，三无鸟巢，四无虫，五霜叶可爱，六嘉实，七落叶肥大。别有一种，名"灯柿"，小而无核，味更美。或谓柿接三次，则全无核，未知果否。

菱

两角为菱，四角为芰，吴中湖泖及人家池沼皆种之。有青红二种：红者最早，名"水红菱"；稍迟而大者，曰"雁来红"；青者曰"莺哥青"；青而大者，曰"馄饨菱"，味最胜；最小者曰"野菱"。又有"白沙角"，皆秋来美味，堪与扁豆并荐。

---

① 寓：寓居。

[清]周淑禧、周淑祜合绘《花果图·柿》

芡

芡花昼合宵展，至秋作房如鸡头，实藏其中，故俗名"鸡豆"。有粳、糯二种，有大如小龙眼者，味最佳，食之益人。若剥肉和糖，捣为糕糜，真味尽失。

西瓜

西瓜味甘，古人与沉李并埒，不仅蔬属而已。长夏消渴吻，最不可少，且能解暑毒。

白扁豆

纯白者味美，补脾入药，秋深篱落，当多种以供采食，干者亦须收数斛，以足一岁之需。

菌

雨后弥山遍野，春时尤盛，然蛰后虫蛇始出，有毒者最多，山中人自能辨之。秋菌味稍薄，以火焙干，可点茶，价亦贵。

瓠

瓠类不一，诗人所取，抱瓮之余，采之烹之，亦山家一种佳味，第不可与肉食者道耳。

［元］钱选《秋瓜图》（局部）

140

茄子

茄子一名"落酥"，又名"昆仑紫瓜"，种苋其傍，同浇灌之，茄、苋俱茂，新采者味绝美。蔡遵为吴兴守，斋前种白苋、紫茄，以为常膳①。五马②贵人，犹能如此，吾辈安可无此一种味也？

芋

古人以蹲鸱③起家，又云"园收芋、栗，未全贫"，则御穷一策，芋为称首。所谓"煨得芋头熟，天子不如吾"，且以为南面之乐，其言诚过，然寒夜拥垆，此实真味。别名"土芝"，信不虚矣。

茭白

古称"雕胡"，性尤宜水，逐年移之，则心不黑。池塘中亦宜多植，以佐灌园所缺。

---

① 常膳：平日的膳食。
② 五马：指太守。《汉官仪》："四马载车，此常礼也。惟太守出，则增一马，故称'五马'。"
③ 蹲鸱：大芋头。因状似蹲伏的鸱鸟得名。

山药

山药本名"薯蓣",出娄东岳王市者,大如臂,真不减天公掌,定当取作常供。夏取其子,不堪食。至如香芋、乌芋、凫茨之属,皆非佳品。乌芋即"茨菇",凫茨即"地栗"。

萝葡　蔓菁

萝葡一名"土酥",蔓菁一名"六利",皆佳味也。他如乌、白二菘,莼、芹、薇、蕨之属,皆当命园丁多种,以供伊蒲①。第不可以此市利②,为卖菜佣③耳。

---

① 伊蒲:即素菜。
② 市利:谋利。
③ 卖菜佣:卖菜的人。

卷十二　香茗

香、茗之用，其利最溥①。物外②高隐，坐语道德③，可以清心悦神；初阳薄暝④，兴味萧骚⑤，可以畅怀舒啸；晴窗拓帖⑥，挥麈闲吟，篝灯⑦夜读，可以远辟睡魔；青衣红袖，密语谈私，可以助情热意；坐雨闭窗，饭余散步，可以遣寂除烦；醉筵醒客，夜语蓬窗，长啸空楼，冰弦戛指⑧，可以佐欢解渴。品之最优者，以沉香、岕茶⑨为首，第焚煮有法，必贞夫⑩韵士，乃能究心耳。志《香茗第十二》。

伽南

一名"奇蓝"，又名"琪珊"，有糖结、金丝二种：糖结，面黑若漆，坚若玉，锯开，上有油若糖者，最贵；金丝，色黄，上有线若金者，次之。此香不可焚，焚之微有膻气。大者有重十五六斤，以雕盘承之，满室皆香，真为奇物。小者以制扇坠、数珠，夏月佩之，可以辟秽，居常以锡合盛蜜养之。合分二格，

---

① 溥：广大。

② 物外：世俗之外。

③ 道德：此处指谈玄论道。

④ 薄暝：傍晚。

⑤ 萧骚：形容萧条凄凉。

⑥ 拓帖：摹拓古碑帖。

⑦ 篝灯：用竹笼罩着灯光。

⑧ 戛指：为指所击，即手弹之意。

⑨ 岕茶：茶名。产于浙江省长兴县境内的罗岕山，故名。为茶中上品。

⑩ 贞夫：正义的人。

下格置蜜，上格穿数孔，如龙眼大，置香使蜜气上通，则经久不枯。沉水等香亦然。

龙涎香

苏门答剌国①有龙涎屿，群龙交卧其上，遗沫入水，取以为香。浮水为上，渗沙者次之。鱼食腹中，刺出如斗者，又次之。彼国亦甚珍贵。

沉香

质重，劈开如墨色者佳。沉取沉水，然好速亦能沉。以隔火炙过，取焦者别置一器，焚以熏衣被。曾见世庙有水磨雕刻龙凤者，大二寸许，盖醮坛②中物，此仅可供玩。

安息香

都中有数种，总名"安息"。"月麟""聚仙""沉速"为上。沉速有双料者，极佳。内府别有龙挂香，倒挂焚之，其架甚可玩。"若兰香""万春""百花"等，皆不堪用。

---

① 苏门答剌国：即今苏门答腊岛。印度尼西亚西部大岛。
② 醮坛：僧道为攘除灾祟而设的道场。

品茶

古人论茶事者，无虑数十家，若鸿渐①之"经"，君谟②之"录"，可谓尽善。然其时法用熟碾为"丸"、为"挺"，故所称有"龙凤团""小龙团""密云龙""瑞云翔龙"。至宣和间，始以茶色白者为贵。漕臣③郑可闻④始创为"银丝冰芽"，以茶剔叶取心，清泉渍之，去龙脑诸香，惟新胯⑤小龙蜿蜒其上，称"龙团胜雪"。当时以为不更之法，而我朝所尚又不同，其烹试之法，亦与前人异，然简便异常，天趣悉备，可谓尽茶之真味矣。至于"洗茶""候汤""择器"，皆各有法，宁特侈言"乌府""云屯""苦节""建城"等目而已哉！

虎丘⑥　天池⑦

最号精绝，为天下冠，惜不多产，又为官司所据，寂寞山家，得一壶两壶，便为奇品，然其味实亚于"芥"。"天池"，出龙池一带者佳，出南山一带者最早，微带草气。

---

① 鸿渐：即陆羽。唐学者，字鸿渐。撰有《茶经》，被尊为"茶圣"。
② 君谟：即蔡襄。北宋书法家，字君谟。工书，为"宋四家"之一。
③ 漕臣：主管漕运的人。
④ 郑可闻：应为"郑可简"。
⑤ 新胯：制茶的印模。
⑥ 虎丘：茶名，产自苏州虎丘山。
⑦ 天池：茶名，产自苏州天池山。

［明］文徵明《林榭煎茶图》(局部)

岕

浙之长兴者佳，价亦甚高，今所最重；荆溪稍下。采茶不必太细，细则芽初萌，而味欠足；不必太青，青则茶已老，而味欠嫩。惟成梗蒂[1]，叶绿色而团厚者为上。不宜以日晒，炭火焙过，扇冷，以箬叶[2]衬罂贮高处，盖茶最喜温燥，而忌冷湿也。

六合

宜入药品，但不善炒，不能发香而味苦，茶之本性实佳。

松萝

十数亩外，皆非真松萝茶，山中亦仅有一二家炒法甚精。近有山僧手焙者，更妙。真者在洞山之下，天池之上。新安人最重之，南都曲中亦尚此。以易于烹煮，且香烈故耳。

龙井　天目

山中早寒，冬来多雪，故茶之萌芽较晚，采焙得法，亦可与"天池"并。

---

① 梗蒂：茶叶柄，俗称茶梗。
② 箬叶：即箬竹叶。箬竹，叶片长披针形，长达45厘米以上，背面散生银色短柔毛，叶可裹粽。

洗茶

先以滚汤候少温洗茶，去其尘垢，以"定碗"盛之，俟冷点茶，则杳气自发。

候汤

缓火炙，活火煎。活火，谓炭火之有焰者。始如鱼目为"一沸"，缘边泉涌为"二沸"，奔涛溅沫为"三沸"。若薪火方交，水釜①才炽，急取旋倾，水气未消，谓之"嫩"；若水逾十沸，汤已失性，谓之"老"。皆不能发茶香。

涤器

茶瓶、茶盏不洁，皆损茶味，须先时洗涤，净布拭之，以备用。

茶洗

以砂为之，制如碗式，上下二层。上层底穿数孔用，洗茶，沙垢悉从孔中流出，最便。

---

① 釜：古同"釜"。

［明］文徵明《茶具十咏图》(局部)

茶壶

壶以砂者为上，盖既不夺香，又无熟汤气，"供春"①最贵，第形不雅，亦无差小者，时大彬所制又太小。若得受水半升，而形制古洁者，取以注茶，更为适用。其"提梁""卧瓜""双桃""扇面""八棱细花""夹锡茶替""青花白地"诸俗式者，俱不可用。锡壶有赵良璧者亦佳，然宜冬月间用。近时吴中"归锡"，嘉禾"黄锡"，价皆最高，然制小而俗，金银俱不入品。

茶盏

宣庙有尖足茶盏，料精式雅，质厚难冷，洁白如玉，可试茶色，盏中第一。世庙有坛盏，中有茶汤果酒，后有"金箓大醮坛用"等字者，亦佳。他如"白定"等窑，藏为玩器，不宜日用。盖点茶须熁盏②令热，则茶面聚乳，旧窑器熁热则易损，不可不知。又有一种名"崔公窑"，差大，可置果实。果亦仅可用榛、松、新笋、鸡豆、莲实，不夺香味者。他如柑、橙、茉莉、木樨之类，断不可用。

---

① 供春：即供春壶。明代正德、嘉靖年间，江苏宜兴制砂壶名艺人供春所制作的壶。
② 熁盏：用热水烫盏。

择炭

汤最恶烟，非炭不可，落叶、竹筱、树梢、松子之类，虽为雅谈，实不可用。又如"暴炭""膏薪"，浓烟蔽室，更为"茶魔"。炭以长兴茶山出者，名"金炭"，大小最适用，以麸火引之，可称"汤友"。